Mathematik

1

eins zwei drei

Teil A

Erarbeitet von
Ümmü Demirel
Astrid Deseniss
Claudia Drews
Christina Hohenstein
Christian Grulich
Anne Schachner
Susanne Ullrich
Christine Winter

und
der Cornelsen Redaktion
Primarstufe

Cornelsen

26 **Didaktische Information**
Größenunterschiede aus dem Mengenvergleich (S. 16/17) ableiten

Sprechen
Mein Turm ist kleiner/größer als dein Turm, weil mein Turm weniger/mehr Würfel hat.
Pronomen nur in der sprachlichen Differenzierung verwenden

►D 3/4
►KV 18

Leo und Lina bringen Hilfsmittel oder erinnern an Strategien.

Plättchen und Zwanzigerfeld

Partnerzahlen

Das bedeuten die Zeichen:

Piktogramme: schreiben zeichnen ausschneiden kleben

(1) Anforderungsbereich „Reproduzieren"

(1) Anforderungsbereich „Zusammenhänge herstellen"

(1) Anforderungsbereich „Verallgemeinern und Reflektieren"

Einführung

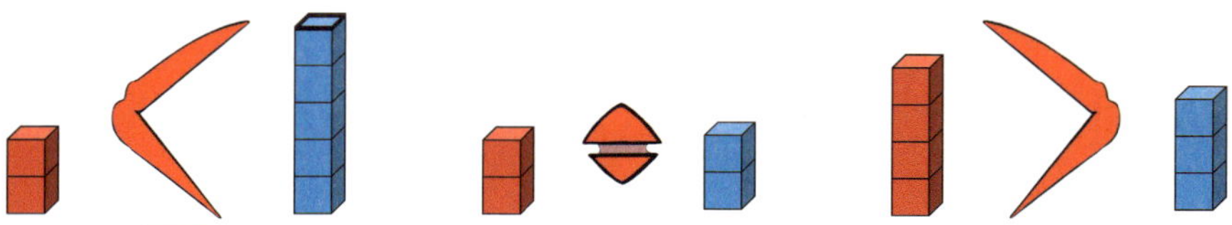

2 < 5
ist kleiner als

2 = 2
ist gleich

4 > 3
ist größer als

Hier findest du wichtige Erklärungen.

③

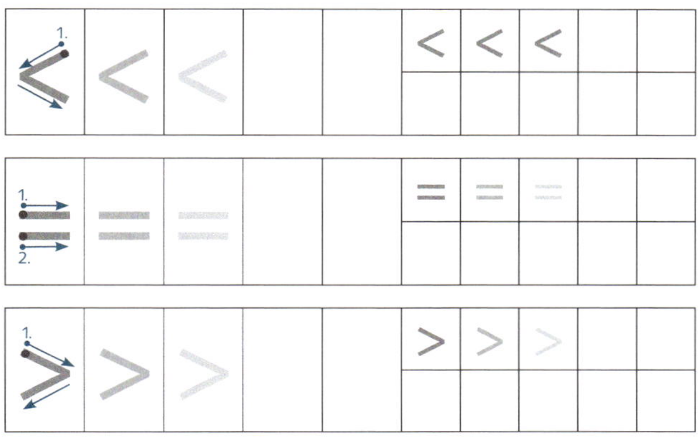

ist kleiner als
ist gleich
ist größer als

Hier findest du wichtige Wörter.

Hier kannst du mit einem Partner üben.

▸D 3/4
▸KV 18

Sprechen
2 ist kleiner als 5.
2 ist gleich 2.
4 ist größer als 3.

Didaktische Information
Einführung der mathematischen Fachbegriffe zum Mengenvergleich

27

Sprachförderung

Erklärung/
Grundwissen

Partnerkurs

Fachwortschatz

ist kleiner als
ist gleich
ist größer als

Inhaltsverzeichnis

Addieren bis 10

Figuren legen und auslegen

Subtrahieren bis 10

Umgehen und Rechnen mit Geld

Falten und Symmetrie

Meine Zahlen

Didaktische Information
Sprach- und Lernvoraussetzungen werden abgefragt; D Zahlenbücher erstellen oder „eigene" Zahlen in ein Lerntagebuch eintragen lassen

Sprechen
Ich sehe …
Meine Lieblingszahl ist …
Ich habe … gemalt.

► KV 1

Zahlen überall

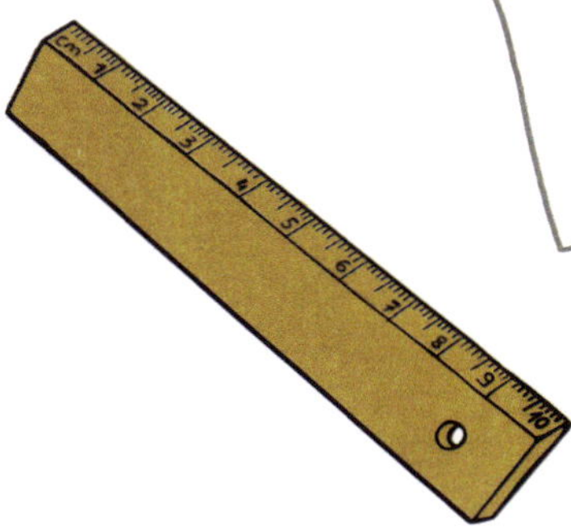

▸KV 1

Sprechen
Ich sehe …
! Wortklärung mit Genus: Gegenstände mit bestimmtem Artikel und Zahlen mit unbestimmtem Artikel benennen

Didaktische Information
Zahlen auf der Seite und in der Umwelt erkennen; Zahlen auch in der Klasse und auf dem Schulweg fotografieren und damit ein Plakat gestalten

Die Zahlen bis 10

1

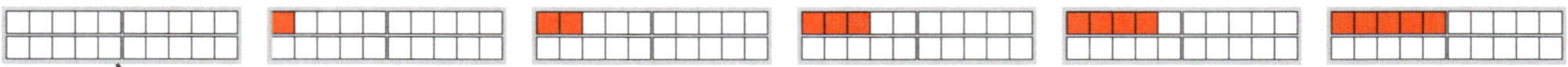

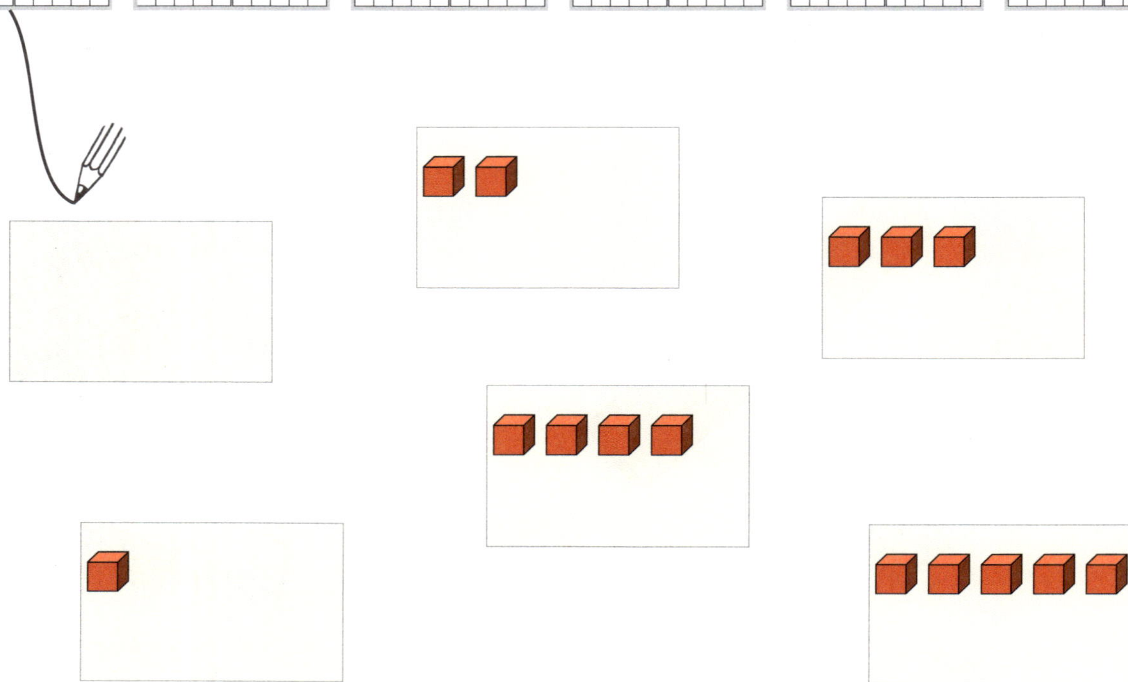

null
eins
zwei
drei
vier
fünf

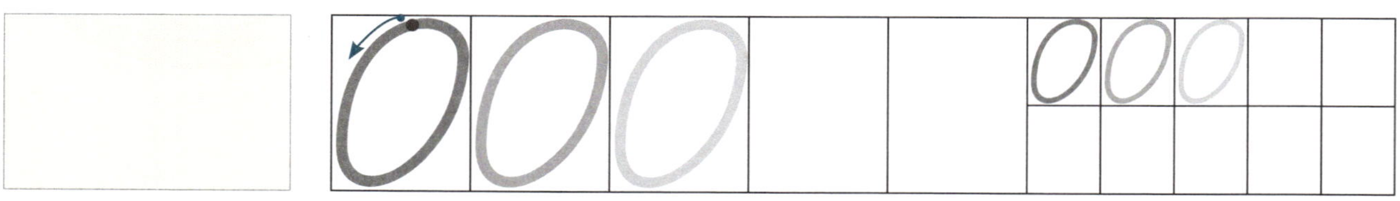

Didaktische Information
Simultanes Erfassen von Mengen unabhängig von Gegenständen; Schwierigkeitsgrad erhöht, wenn man nicht mit 1 beginnt

Sprechen
Die Zahl 1, ein Würfel, die Zahl 2, zwei Würfel, …
Ich zähle mit meinem Partner vorwärts.
! ein Würfel, zwei Würfel

▸ KV 3

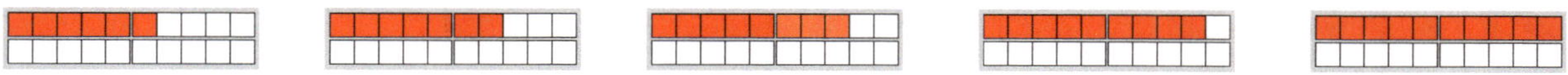

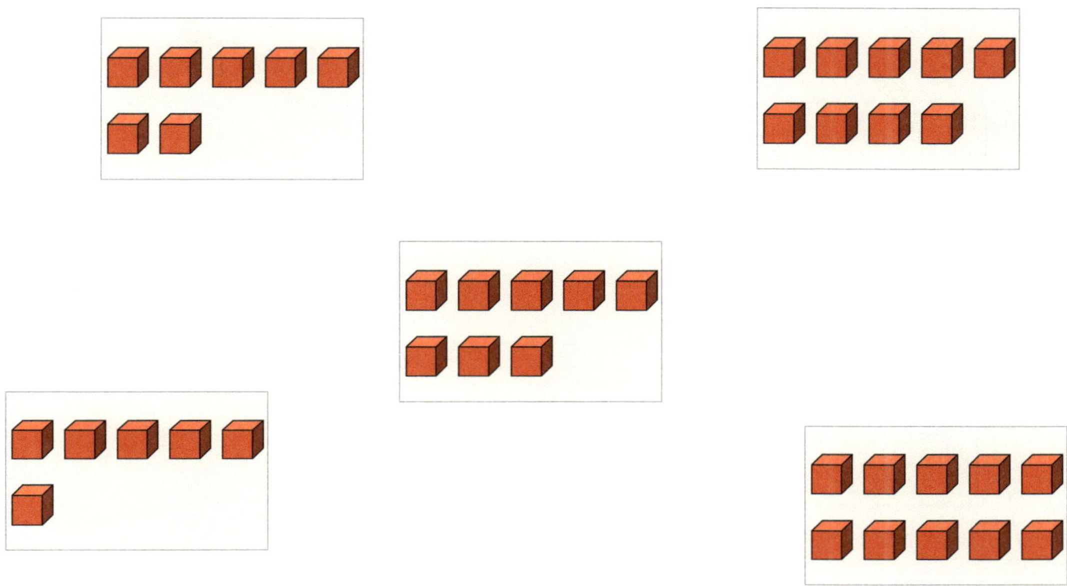

sechs
sieben
acht
neun
zehn

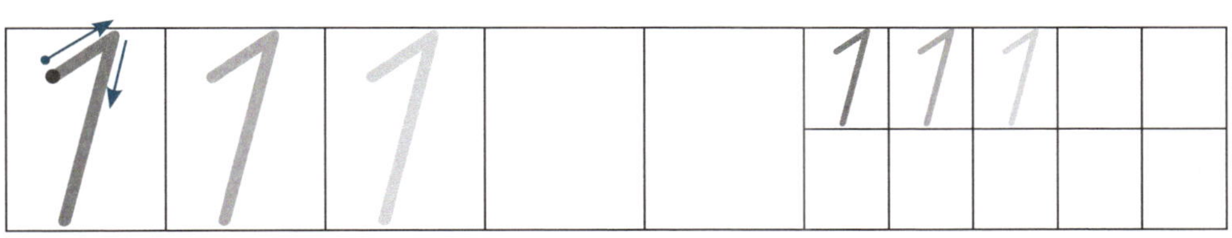

▸ KV 2/3

Sprechen
Ich zähle mit meinem Partner rückwärts.

Didaktische Information
D Zahlen nachspuren lassen

0 1 2 3 4 5

①

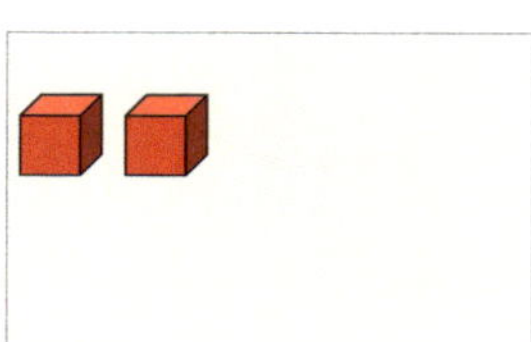

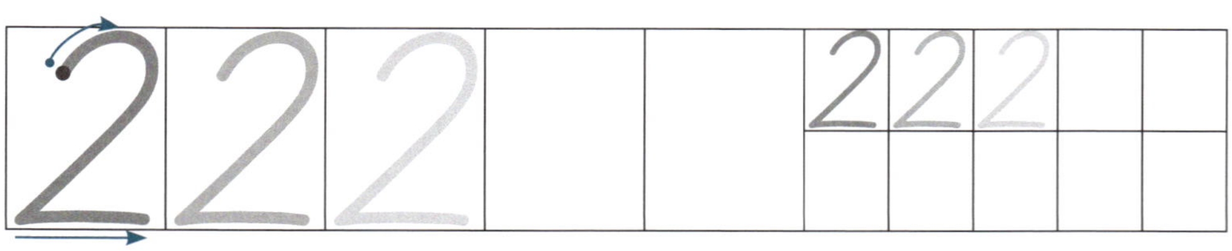

Didaktische Information
Enaktiv-ikonisch-symbolische Ebenen werden verknüpft

Sprechen
Die Zahl 1, ein Kästchen, ein Apfel, …
! ein Kästchen, zwei Kästchen

► KV 4/5

②

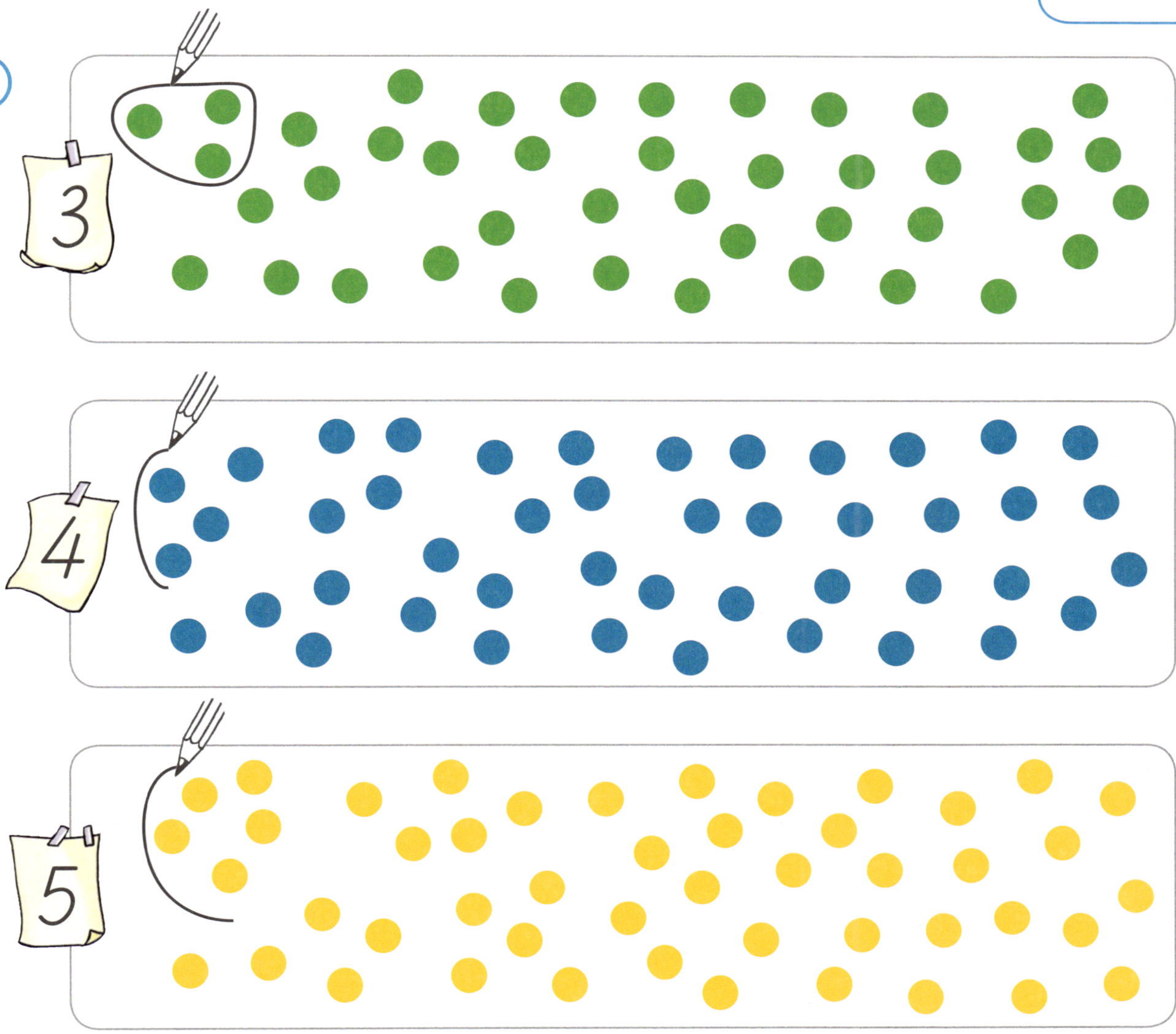

③

Sprechen
! Immer drei Plättchen einkreisen; Verbtrennung nur in der sprachlichen Differenzierung verwenden

Didaktische Information
Vertiefende Übungen zum Erfassen/Bilden von Mengen; Bedeutung „einkreisen“ klären

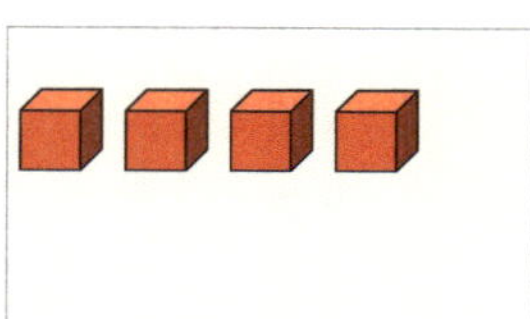

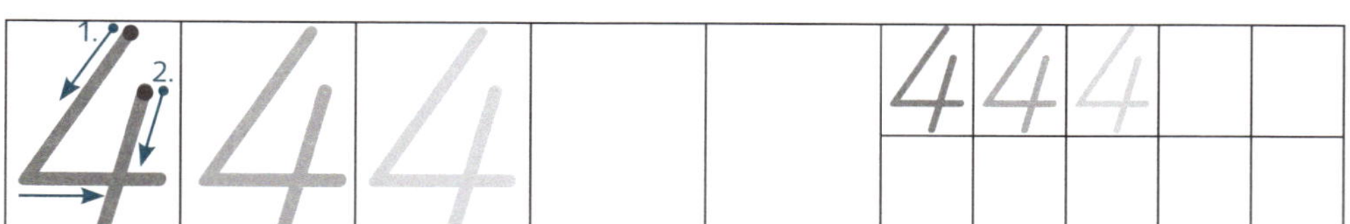

Didaktische Information
Gegenstände auch im Klassenraum oder der Umgebung zählen und dazu eine Wandzeitung gestalten

Sprechen
Ich sehe …
! Wortklärung mit Genus: Gegenstände mit bestimmtem Artikel und Zahlen mit unbestimmtem Artikel benennen

► KV 7

①

5

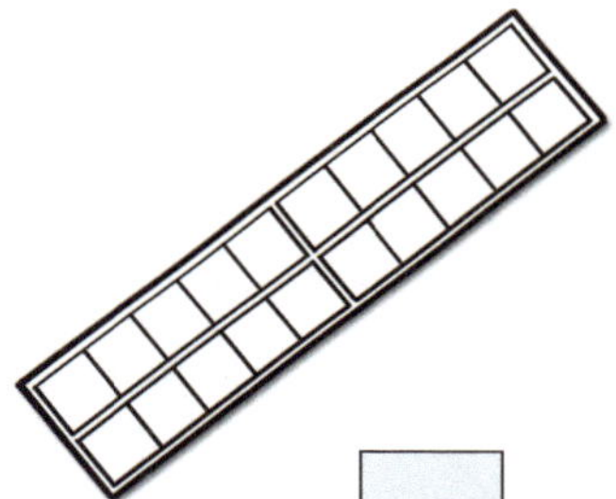

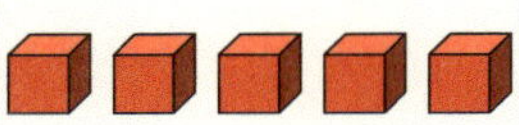

1. 2.

5 5 5

5 5 5

Sprechen
Ich sehe …

Didaktische Information
Kinder wählen drei weitere Gegenstände im Bild, zeichnen sie in die Rahmen und ermitteln ihre Anzahl; D Kinder können zunächst Würfel legen und diese zählen, um dann die Zahl einzutragen

6 7 8 9 10

1

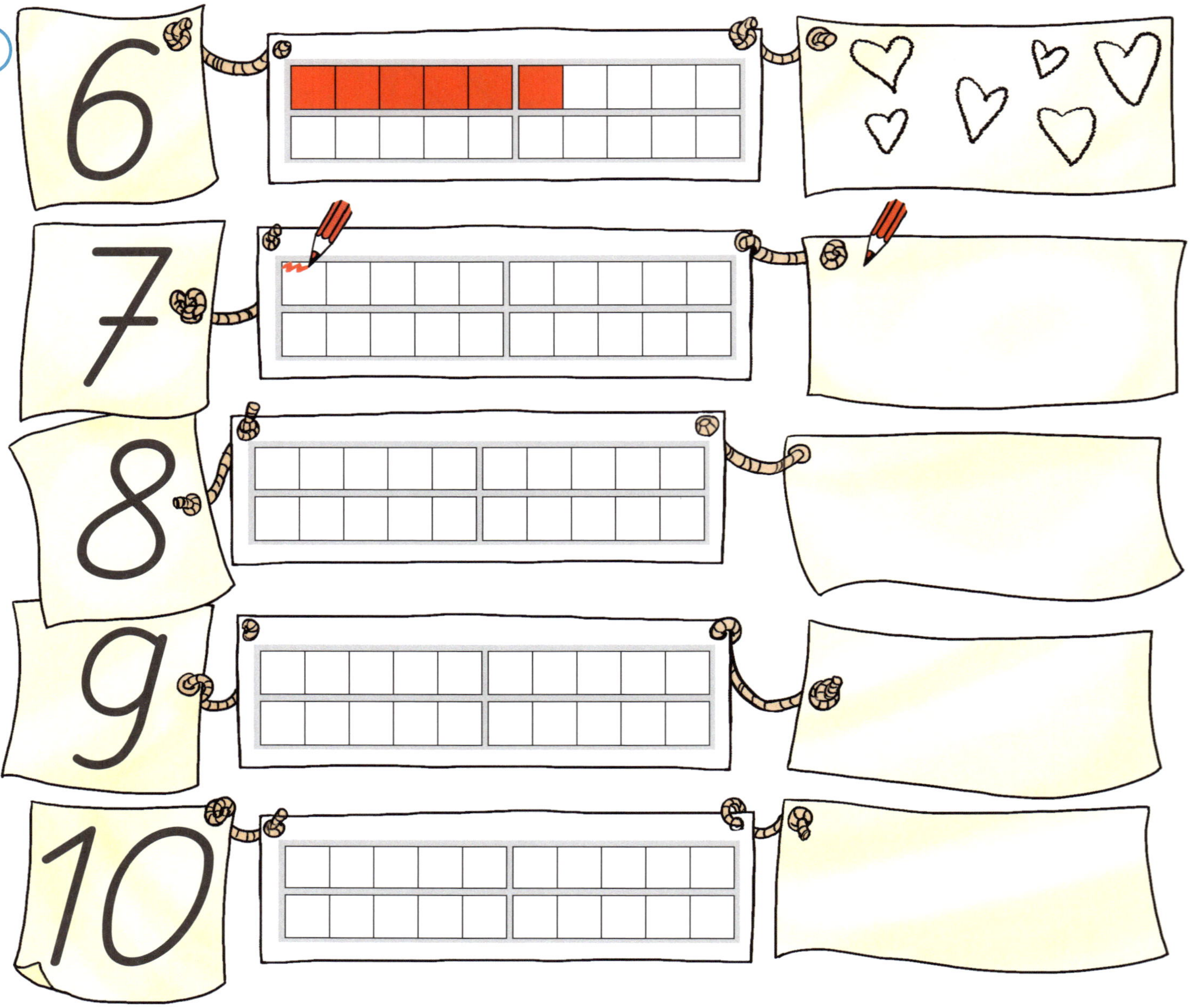

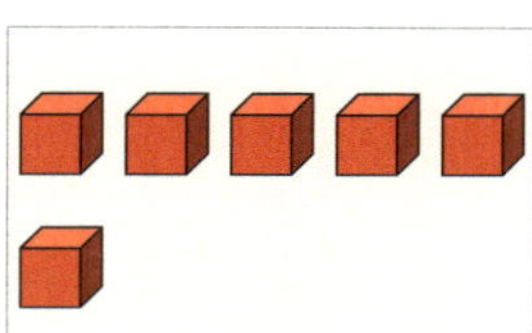

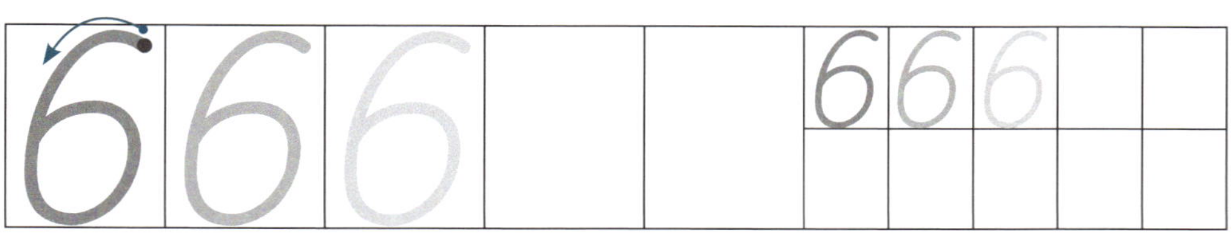

Didaktische Information
Enaktiv-ikonisch-symbolische Ebenen werden verknüpft; Ziel im Partnerkurs ist das schnelle Erfassen der Menge; D Leistungsstarke Kinder können im Partnerkurs auch über 10 hinausgehen

Sprechen
Die Zahl 6, sechs Kästchen, sechs Herzen, …
Partnerkurs: Ich sehe 6 Plättchen.

► KV 8 –10

(2)

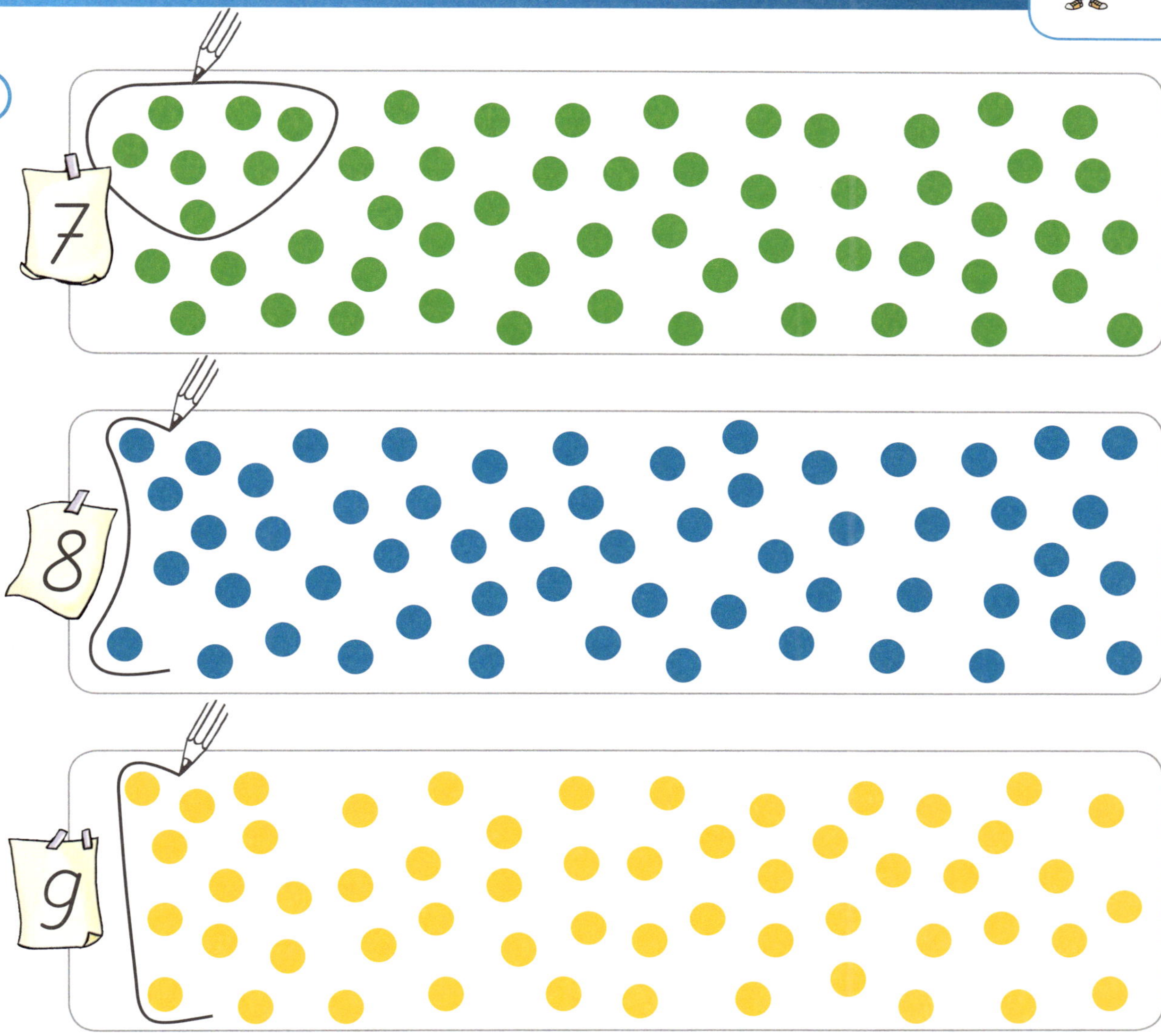

(3)

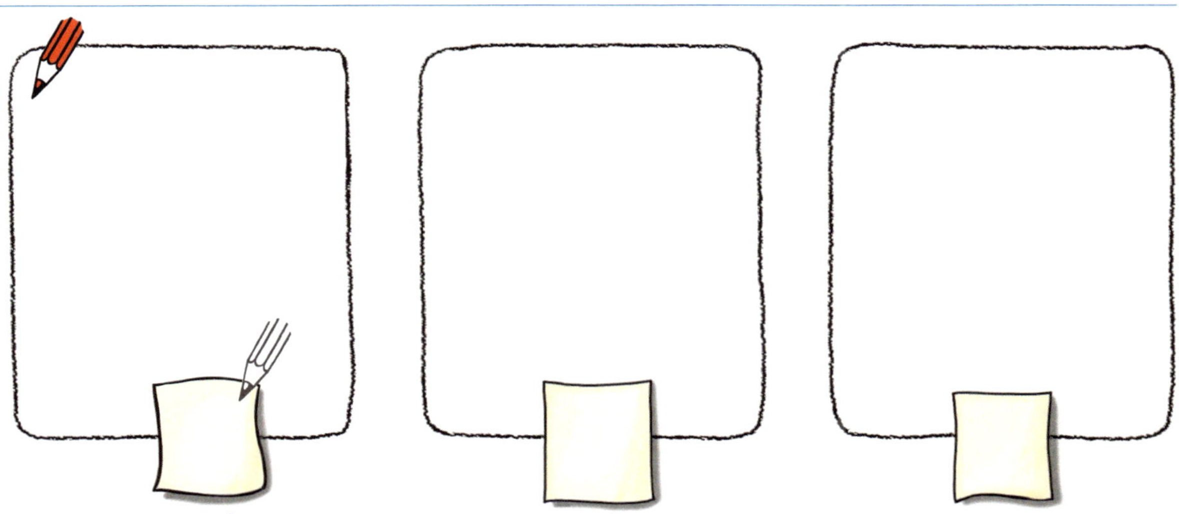

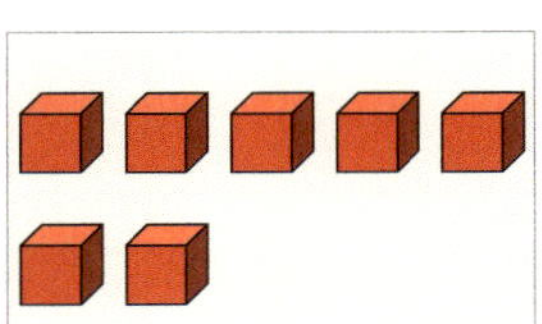

Sprechen
! Immer drei Plättchen einkreisen; Verbtrennung nur in der sprachlichen Differenzierung verwenden

Didaktische Information
Vertiefende Übungen zum Erfassen/Bilden von Mengen; Bedeutung „einkreisen" klären;
D Leistungsstarke Kinder können über 10 hinausgehen

Mengen vergleichen

mehr
weniger

①

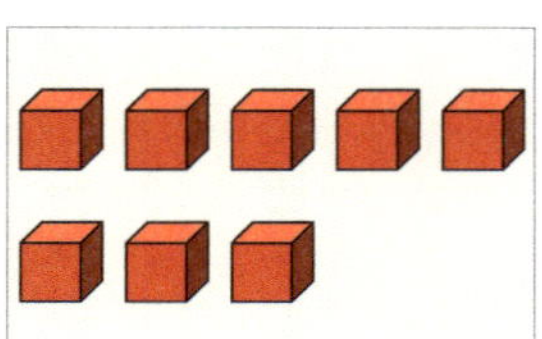

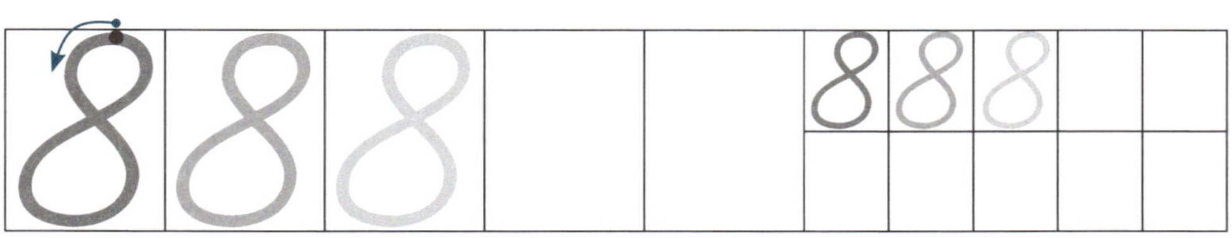

Didaktische Information
Mengenvergleich als Vorbereitung zum Zahlvergleich „ist größer als", „ist kleiner als", „ist gleich groß" (S. 27)

Sprechen
… hat mehr/weniger Bonbons, als …
Ich habe mehr/weniger Bonbons als du.

▸D 1/2

②

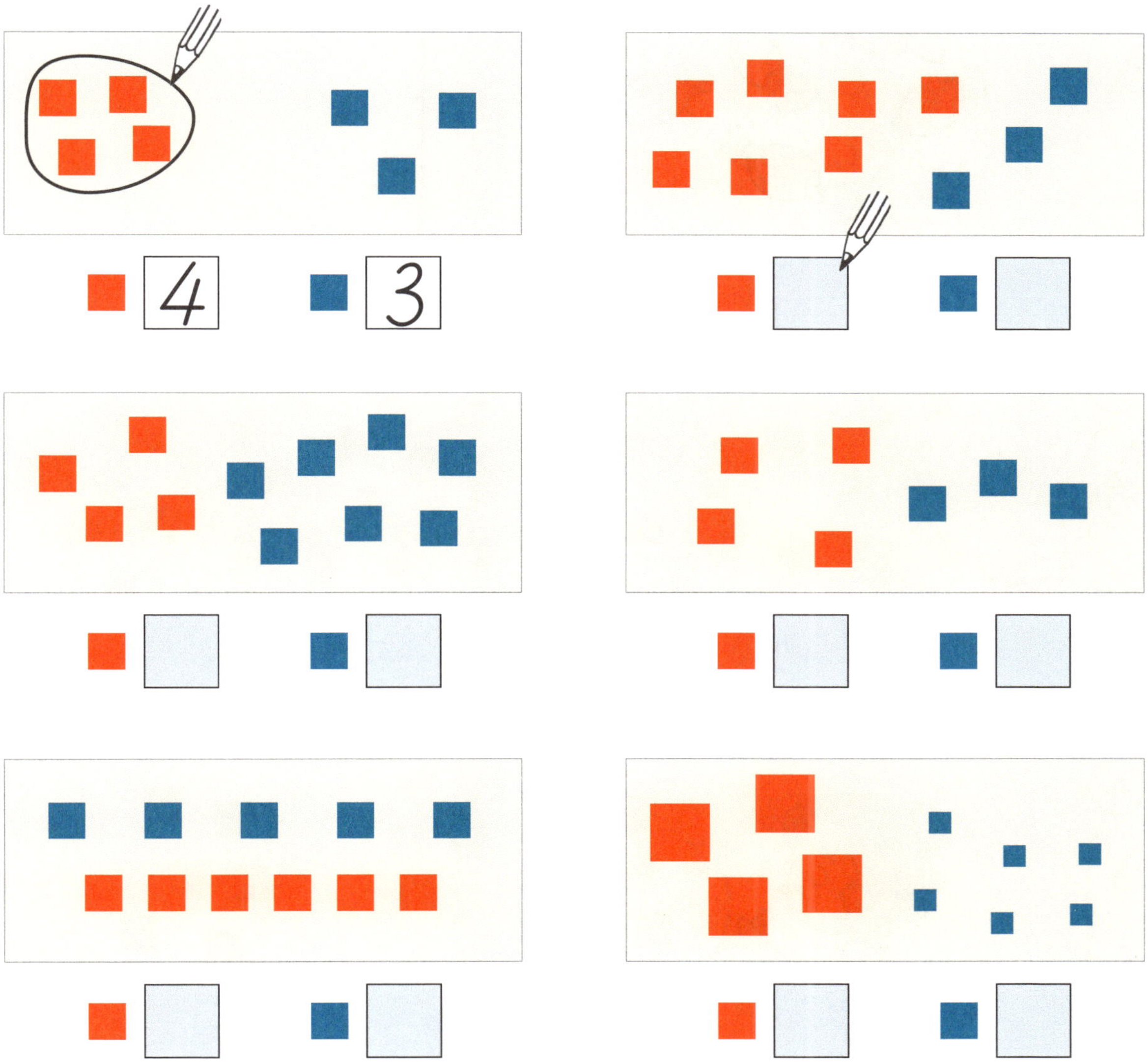

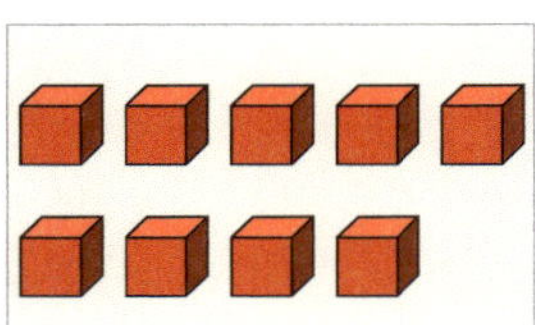

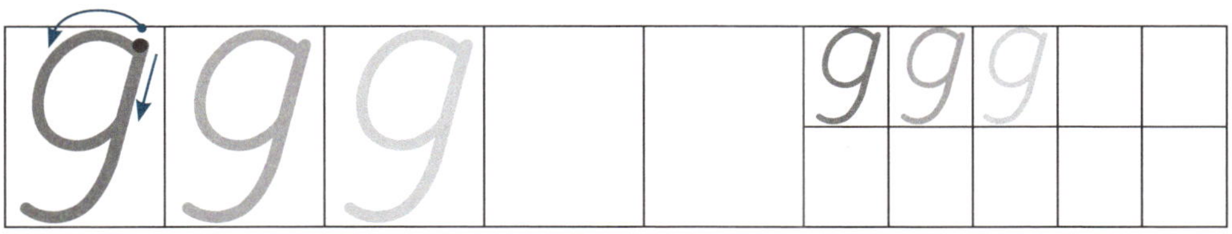

Sprechen
Das sind mehr rote/blaue Plättchen.

Didaktische Information
Übungen auch in Partnerarbeit möglich;
Bei letzter Aufgabe Invarianz besprechen;
D Leistungsstarke Kinder können mehr als 10 Plättchen nehmen

Das kann ich schon

1

S. 8/9

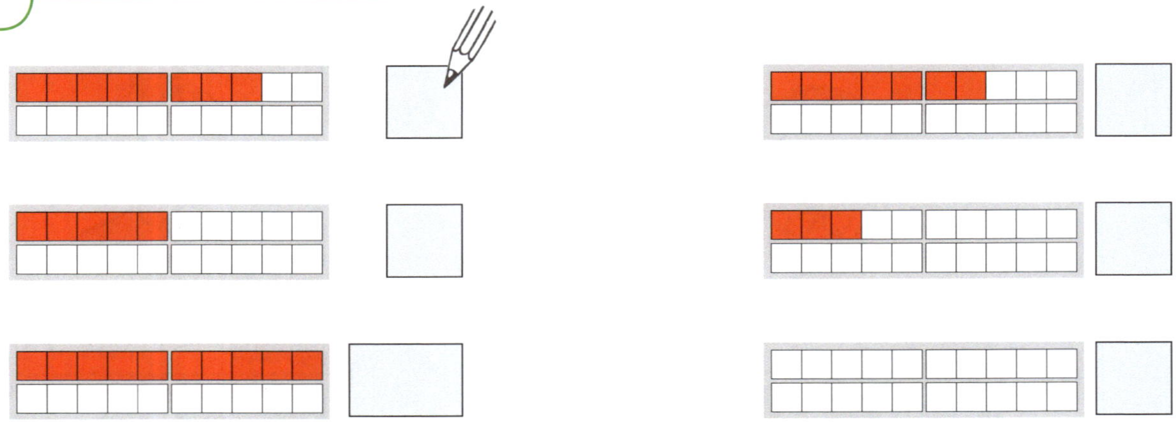

2

S. 11

3

S. 13/14

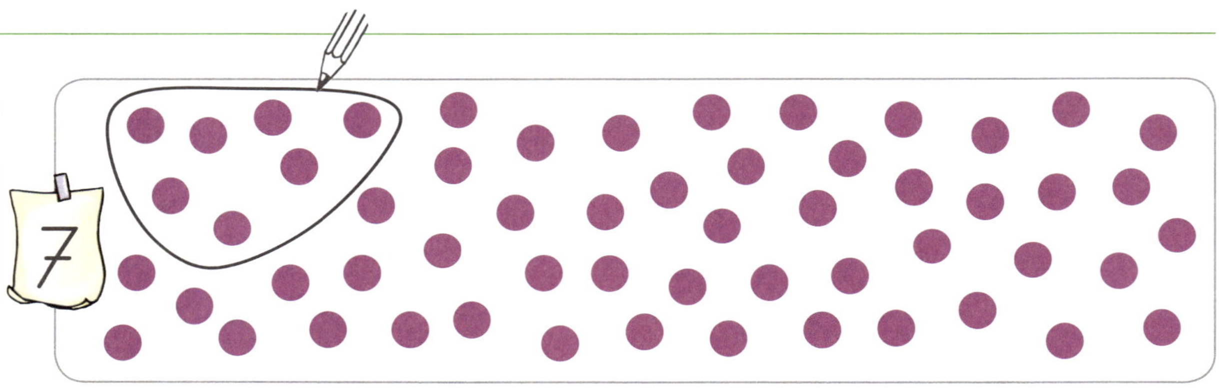

4

S. 16/17

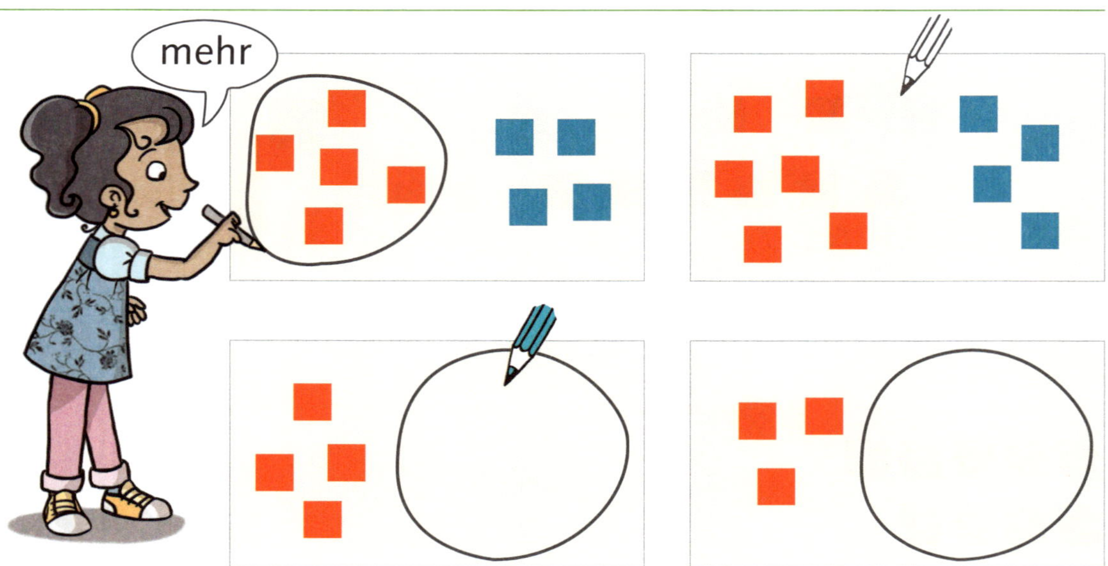

Didaktische Information
Aufgaben zur Selbstüberprüfung und Selbsteinschätzung, zunächst noch stark durch die Lehrkraft gesteuert – später zunehmend als Selbstkontrolle/ Selbsteinschätzung

▸KV 12–14

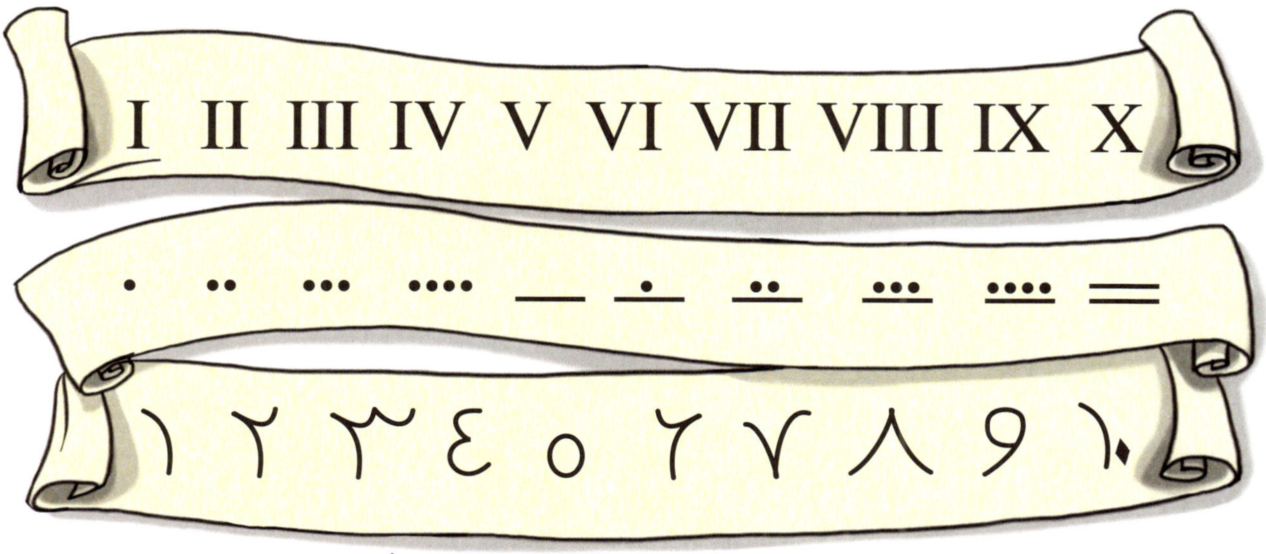

1

1	I		
8			
4			
9			
3			
7			

2

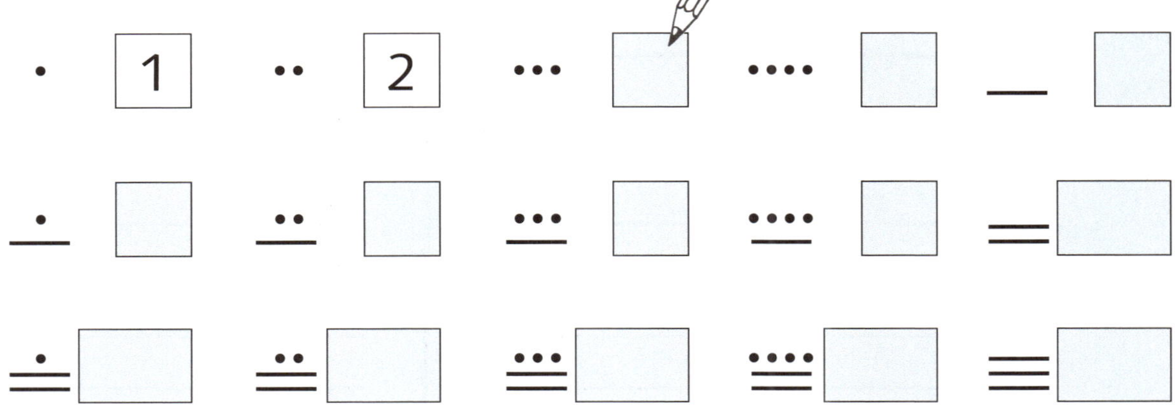

Didaktische Information
Anregungen zum Ausprobieren, Knobeln, Forschen und Entdecken mit Anforderungen, die über die der vorherigen Seiten hinausgehen; Oben sind römische Zahlen, Zahlen der Maya und arabische Zahlen dargestellt; D Recherche in Büchern oder im Internet zu anderen Zahldarstellungen

links – rechts

①

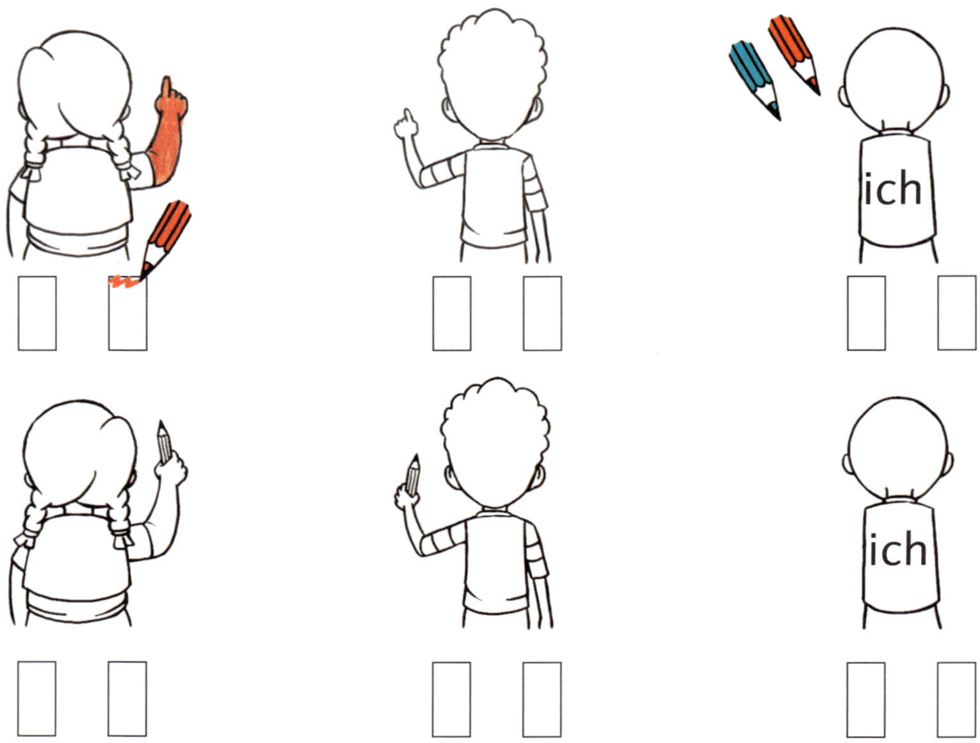

②

Didaktische Information
Eigene Körpererfahrung als Hilfsmittel zum Unterscheiden/Merken von links/rechts nutzen; Handlungsorientierte Spiele; Lerntagebucheintrag: Was machst du mit links/rechts?
Nr. 2: Schreibhand thematisieren

Sprechen
… meldet sich mit links/rechts.
Ich melde mich mit links/rechts.
Ich schreibe mit links/rechts, und du?

▸KV 15

①

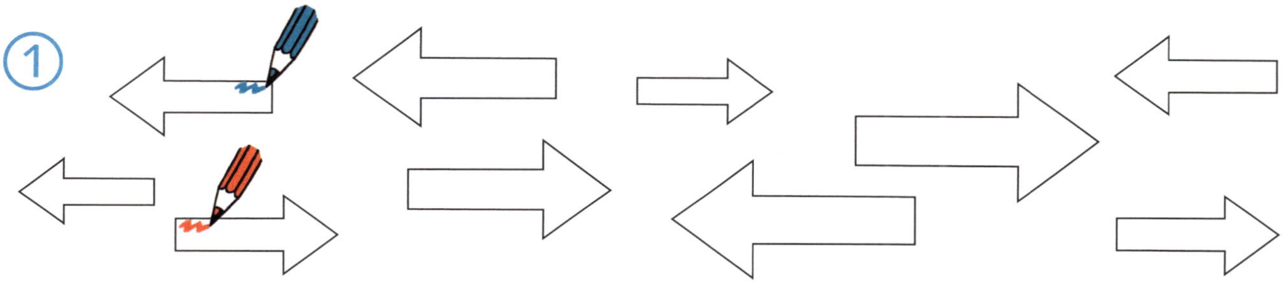

②

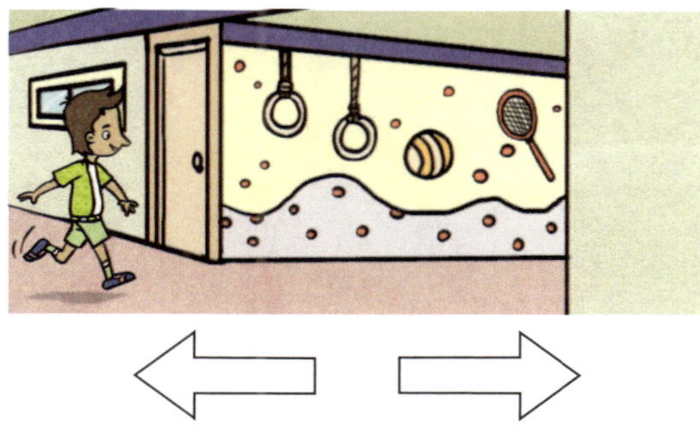

Sprechen
… geht nach links/rechts.
Ich gehe nach links/rechts.

Didaktische Information
Kenntnisse über Lagebeziehungen erweitern und vertiefen (Verbindung zu Bewegungsrichtungen);
! Bewegungsrichtung aus der Sicht des Betrachters

oben – unten

①

Didaktische Information
Kenntnisse über Lagebeziehungen erweitern und vertiefen (Einführung oben/unten):
Was ist oben/unten?

Sprechen
… ist oben/unten.
Ich bin oben/unten.

▸KV 17

①

Sprechen
Das Kinderzimmer/Das Bad/Die Küche/Das Wohnzimmer ist oben links/rechts, unten links/rechts.

Didaktische Information
Räumliche Begriffe zusammenführen; Erfassen und Beschreiben von Lagebeziehungen; Lage der Räume beschreiben; ! Mit rechts/links/oben/unten sind die Räume aus der Sicht des Betrachters gemeint

Das kann ich schon

1

☺ | ⚠ | S. 21

2

☺ | ⚠ | S. 23

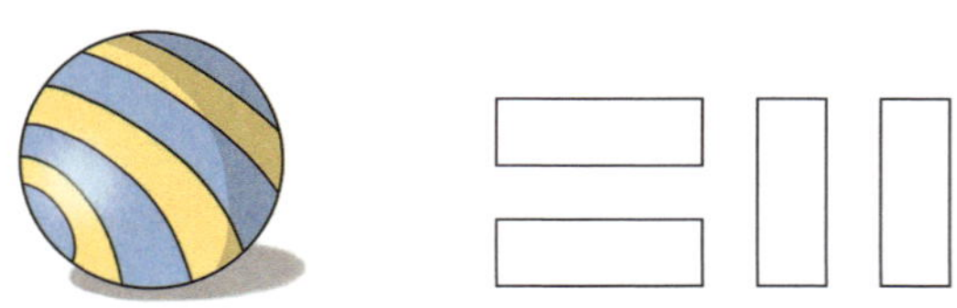

Didaktische Information
Aufgaben zur Selbstüberprüfung und Selbsteinschätzung, zunächst noch stark durch die Lehrkraft gesteuert – später zunehmend als Selbstkontrolle/Selbsteinschätzung

1

Didaktische Information
Anregungen zum Ausprobieren, Knobeln, Forschen und Entdecken mit Anforderungen, die über die der vorherigen Seiten hinausgehen;

D Selbst eine ähnliche Situation nachstellen und Fotos davon machen

Zahlen vergleichen

kleiner
gleich
größer

1

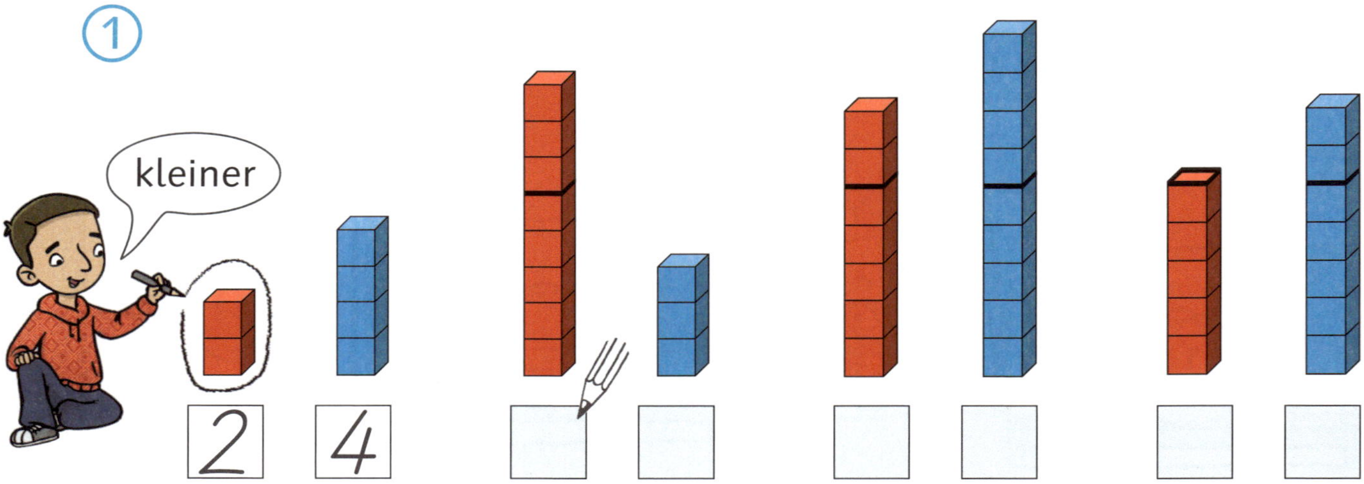

2

Didaktische Information
Größenunterschiede aus dem Mengenvergleich (S. 16/17) ableiten

Sprechen
Mein Turm ist kleiner/größer als dein Turm, weil mein Turm weniger/mehr Würfel hat.
! Pronomen nur in der sprachlichen Differenzierung verwenden

▸D 3/4
▸KV 18

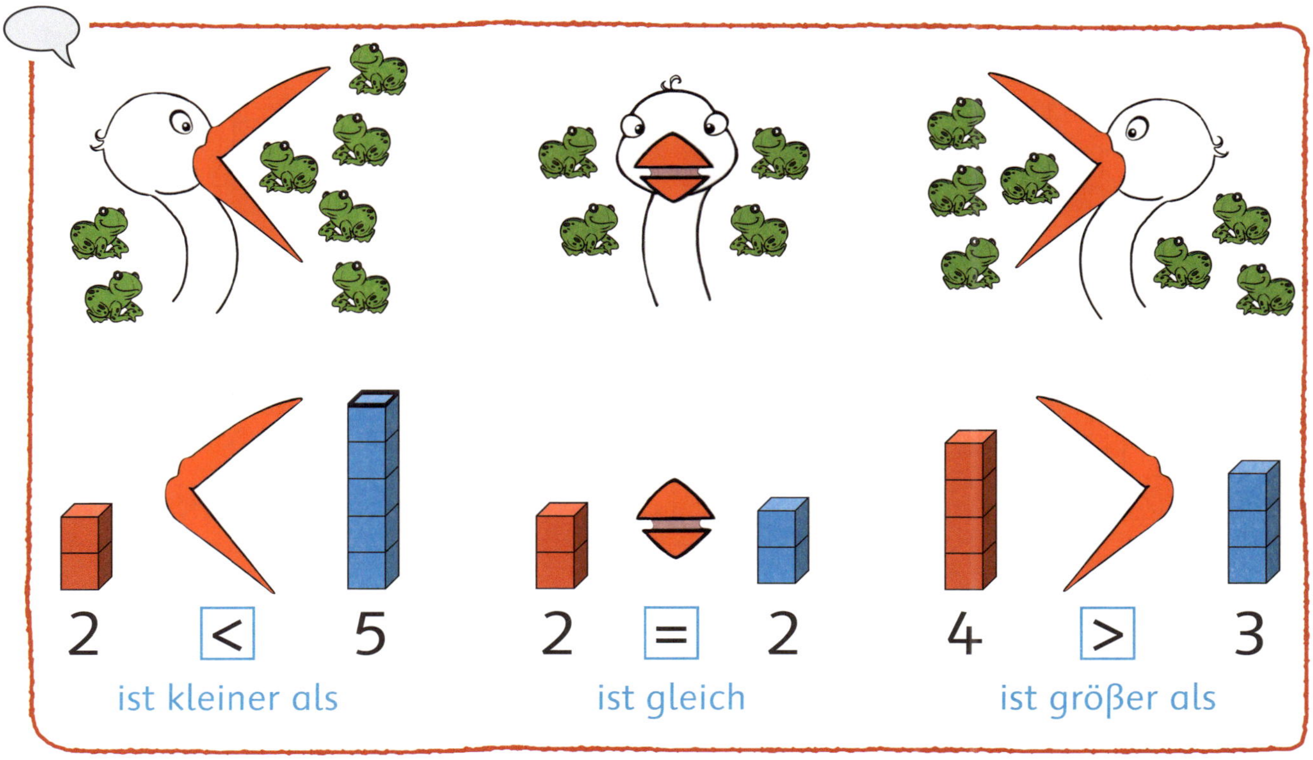

③

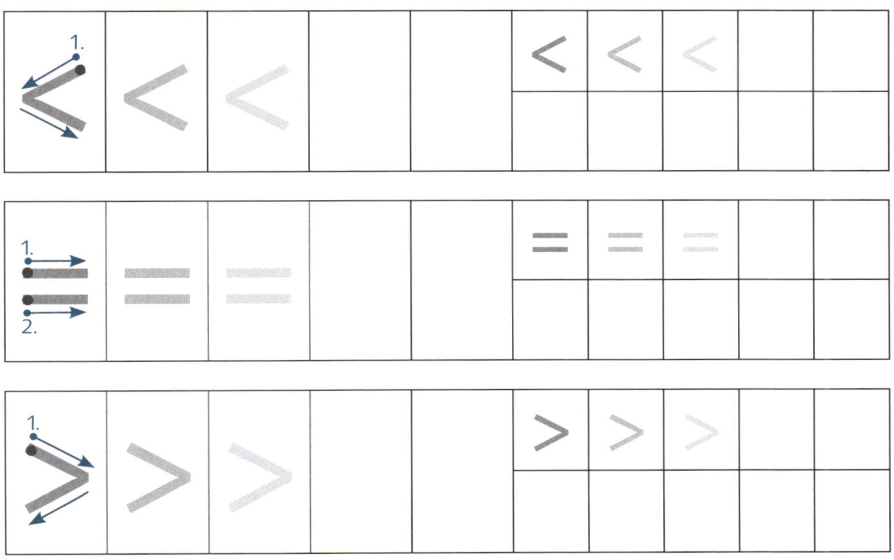

ist kleiner als
ist gleich
ist größer als

Sprechen
2 ist kleiner als 5.
2 ist gleich 2.
4 ist größer als 3.

Didaktische Information
Einführung der mathematischen Fachbegriffe zum Mengenvergleich; D Leistungsstarke Kinder können im Partnerkurs auch Mengen über 10 vergleichen

Zahlen vergleichen

1

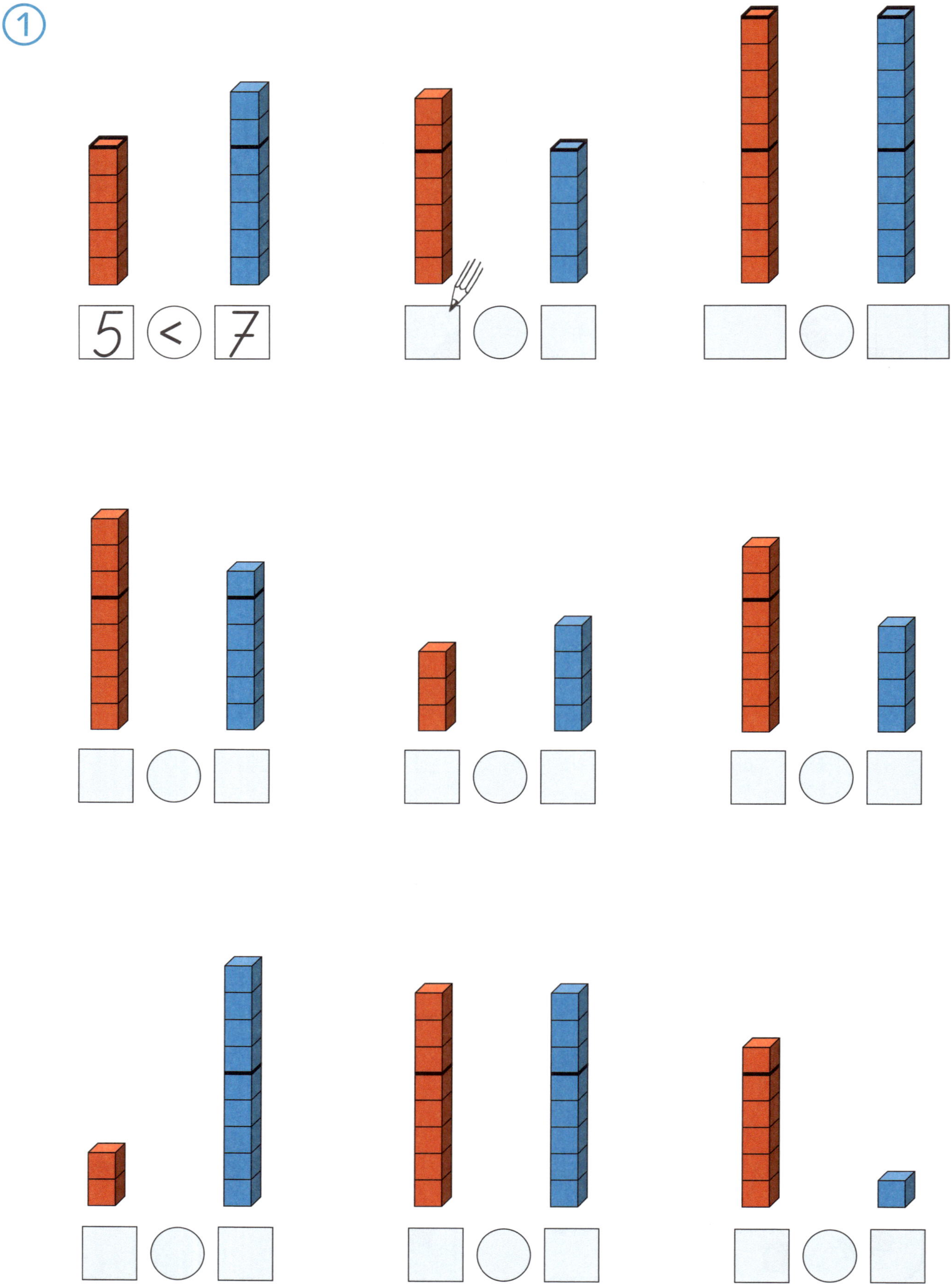

Didaktische Information

D Kinder, die noch unsicher sind, mit Würfeln bauen lassen

Sprechen

… ist kleiner als …
… ist gleich …
… ist größer als …

▸ D 3/4
▸ KV 19/20

②

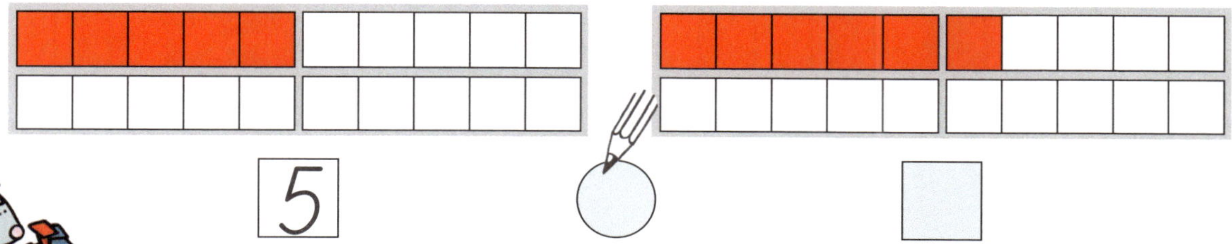

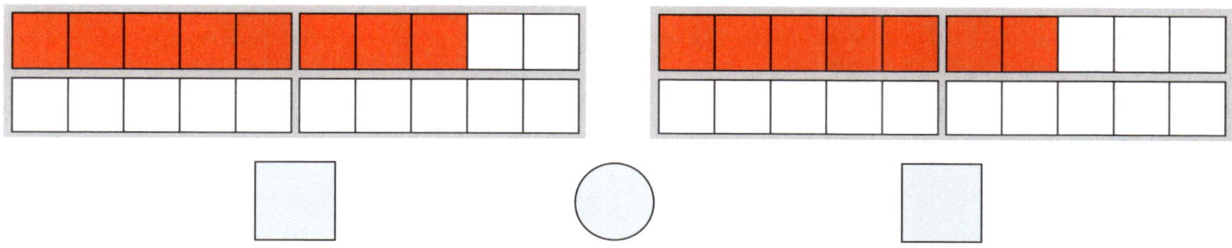

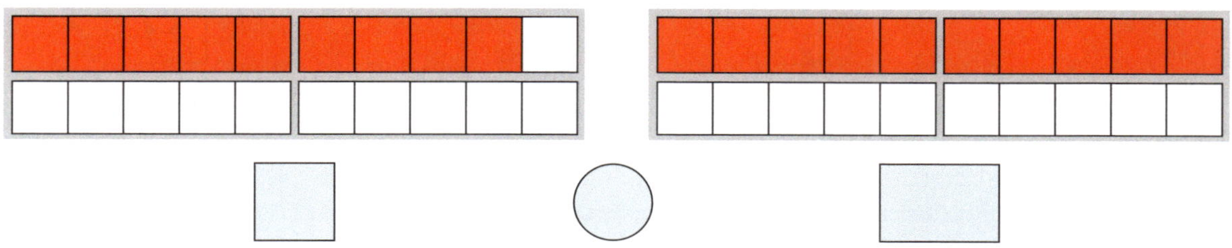

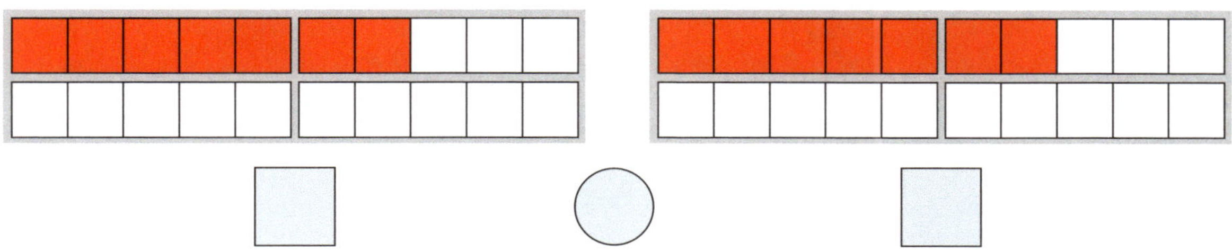

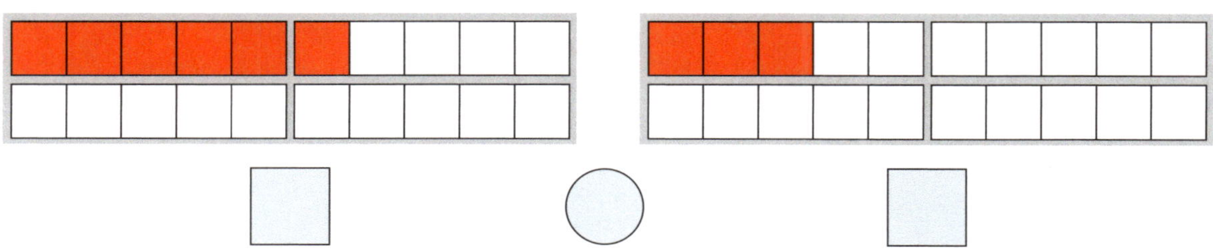

▸ D 3/4
▸ KV 21/22

Sprechen
… ist kleiner als …
… ist gleich …
… ist größer als …

Didaktische Information
D Kinder, die noch unsicher sind, mit Plättchen im Zwanzigerfeld legen lassen (Kartonbeilage)

Zahlen vergleichen

①

7 > 2

3 ○ 8

9 ○ 9

□ > □

②

5 < 7 | 8 ○ 9 | □ ○ □

1 ○ 1 | 3 ○ 3 | □ ○ □

2 ○ 4 | 6 ○ 5 | □ ○ □

10 ○ 8 | 4 ○ 0 | □ ○ □

Didaktische Information
D Kinder, die noch unsicher sind, mit Plättchen im Zwanzigerfeld legen lassen (Kartonbeilage);
D Leistungsstarke Kinder können Zahlen über 10 vergleichen

Sprechen
… ist kleiner als …
… ist gleich …
… ist größer als …

▸D 3/4

Zahlenreihe

vor
nach

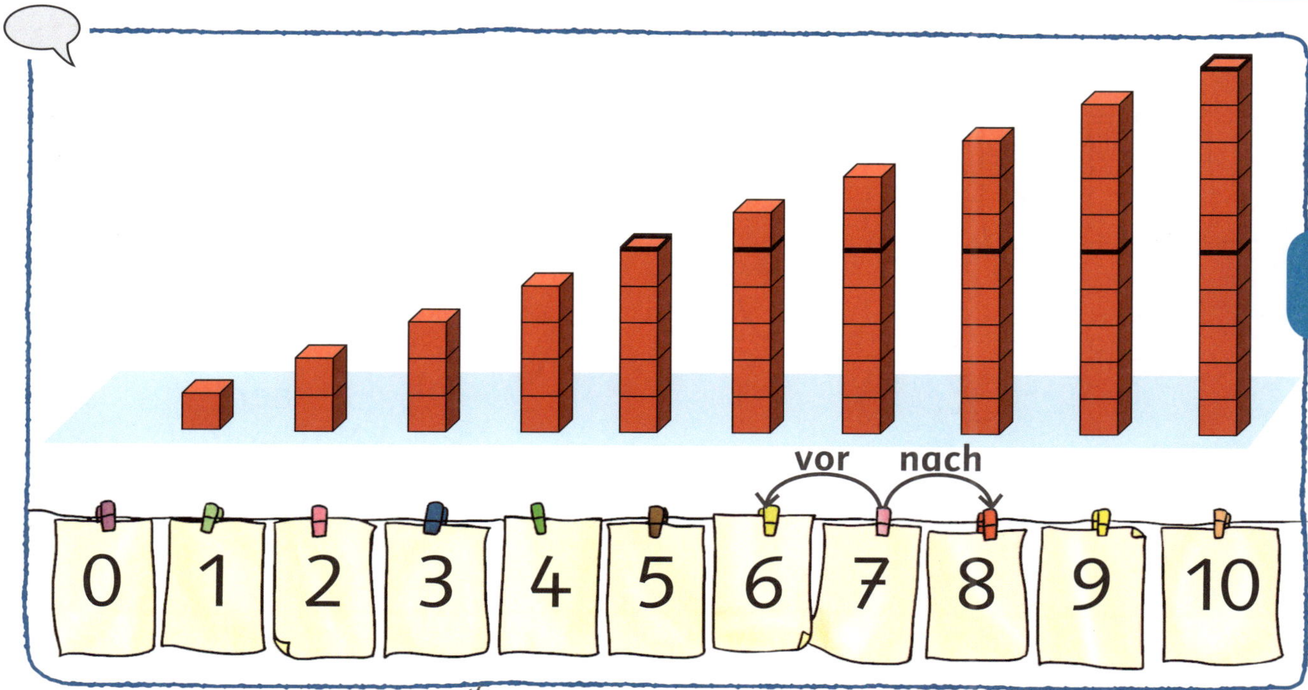

① 

② 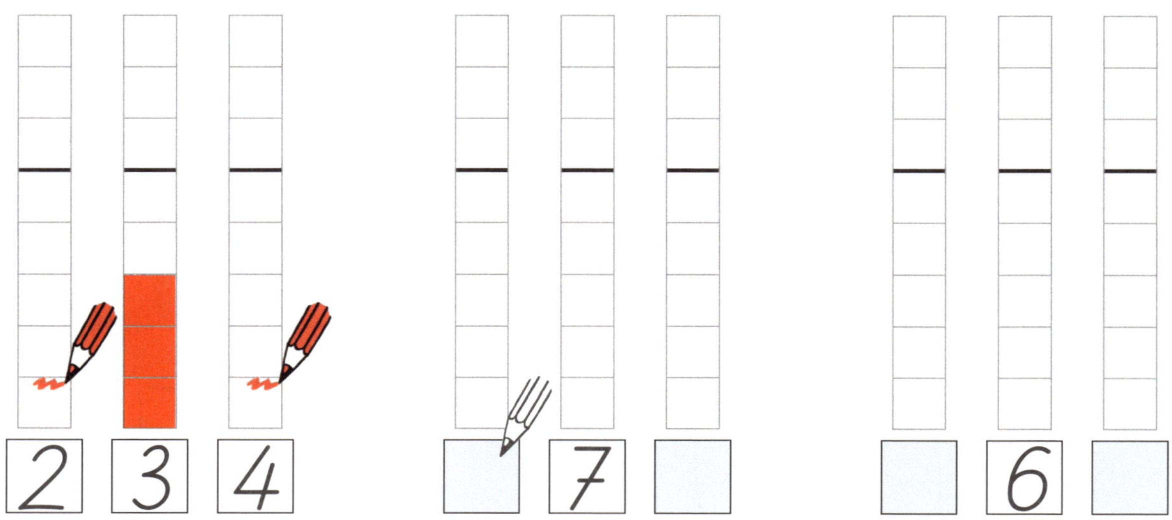

▸ D 5/6
▸ KV 23

Sprechen
6 kommt vor 7. 8 kommt nach 7.
! Artikel wegen des Kasuswechsels nur in der sprachlichen Differenzierung benennen (vor der 7/ die 7)

Didaktische Information
Zur Einführung der Zahlenreihe mit Zahlenkarten legen, einzelne oder mehrere Karten abdecken oder vertauschen

Vorgänger und Nachfolger

der Vorgänger
der Nachfolger
die Nachbarzahlen

1

2

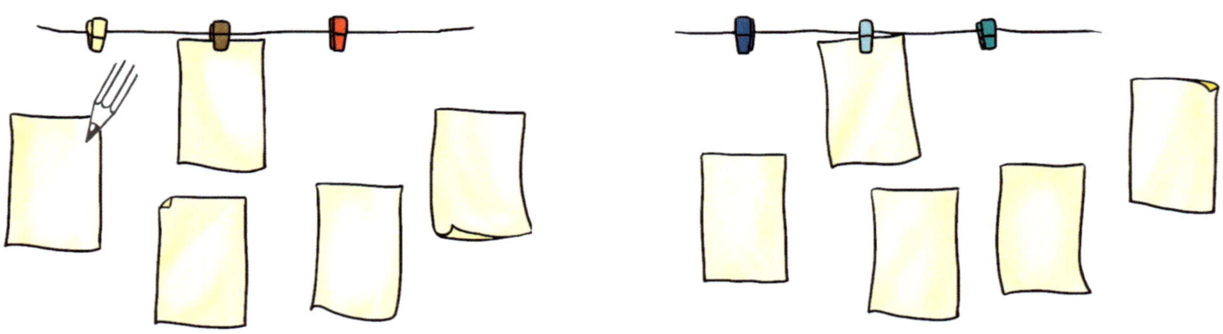

Didaktische Information
Handlungssequenz sprachlich begleiten, um fachsprachliche Formulierung aufzubauen;
D Leistungsstarke Kinder können über 10 hinausgehen

Sprechen
4 ist der Vorgänger von 5. 6 ist der Nachfolger von 5
! Artikel wegen des Kasuswechsels nur in der sprachlichen Differenzierung benennen;
! Beim Vorgänger geht man eigentlich zurück

▸D 5/6
▸KV 24

③

④

4		
		9
2		
		10

		2
3		
		8
1		

▸ D 5/6
▸ KV 25

Sprechen
4 und 6 sind die Nachbarzahlen von 5.
! Unterschied zwischen Vorgänger/Nachfolger und Nachbarzahlen

Didaktische Information
D Vertiefende handlungsorientierte Übungen mit Zahlenkarten; Leistungsstarke Kinder können über 10 hinausgehen

Ordnungszahlen

1

1. 2. 3.

2

3

Didaktische Information
D Zur Einführung handlungsorientierte Übungen in der Klasse; Leistungsstarke Kinder können über 10 hinausgehen

Sprechen
… ist Erste/Erster.
Ich bin Erste/Erster.
! Herleitung von Erste/Erster klären.

▸D 7/8
▸KV 26

④

4.

4

2.

2

5.

5

3.

3

▸D 7/8
▸KV 26

Sprechen
Das vierte Auto ist rot.
Ich habe … Autos gemalt.

Didaktische Information
Gegenüberstellung des ordinalen und kardinalen Zahlaspekts; Betonung der unterschiedlichen Schreibweise

Das kann ich schon

①

S. 26

7	3						

②

S. 30

7 ○ 1 3 ○ 5 8 ○ 8

6 ○ 6 4 ○ 2 7 ○ 10

③

S. 32

	3			6	
	9			4	
	1			8	

④

S. 34

1.					

Didaktische Information
Aufgaben zur Selbstüberprüfung und Selbsteinschätzung, zunächst noch stark durch die Lehrkraft gesteuert – später zunehmend als Selbstkontrolle/Selbsteinschätzung

Forscherseite

1

9	○	10	5	○	4	□	○	□
8	○	9	4	○	3	□	○	□
7	○	8	3	○	□	□	○	□
6	○	□	□	○	□	□	○	□
5	○	□	□	○	□	□	○	□

2

~~9~~ ~~9~~ 9 7 7 7 5 5 5 3 3 3

9	>	□	□	>	□	□	>	□
9	>	□	□	>	□			
□	>	□						

3

6	>	◆	10	>	●	▲	<	8
◆	<	5	●	>	5	3	>	▲
3	<	◆	7	>	●	▲	<	1
◆	=	□	●	=	□	▲	=	□

▲ < ◆ < ●

□ < □ < □

Didaktische Information
Anregungen zum Ausprobieren, Knobeln, Forschen und Entdecken mit Anforderungen, die über die der vorherigen Seiten hinausgehen;

D Leistungsstarke Kinder können Aufgaben (über 10) erfinden und in ein Lerntagebuch schreiben

Formen überall

das Dreieck
das Quadrat
das Rechteck
der Kreis

• das Dreieck

• das Quadrat

• das Rechteck

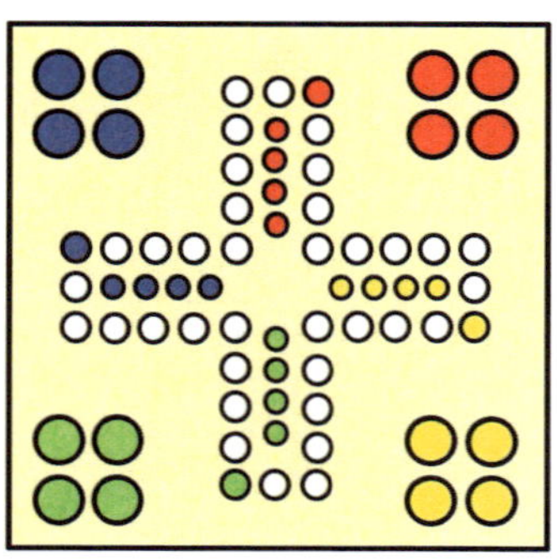

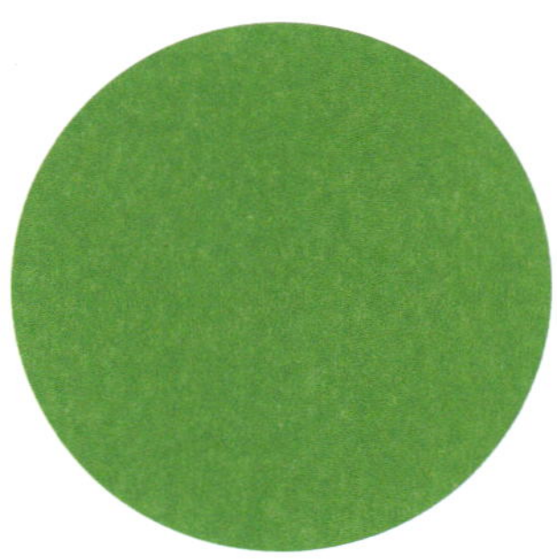

• der Kreis

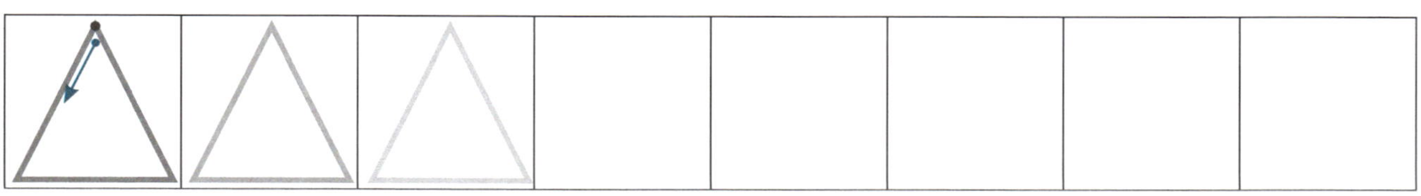

Didaktische Information
Geometrische Grundformen bewusst wahrnehmen; Merkmale der Formen erarbeiten; Nach Formen in der Umwelt (Fotos) und in Medien suchen und damit ein Plakat gestalten

Sprechen
Ich sehe …; **!** Wortklärung mit Genus: Gegenstände und Formen mit bestimmtem und unbestimmtem Artikel benennen; wichtige Wörter: rund, eckig, quadratisch, rechteckig; die Kante(n), die Seite(n), die Ecke(n).

► D 9/10

Formen erkennen

1

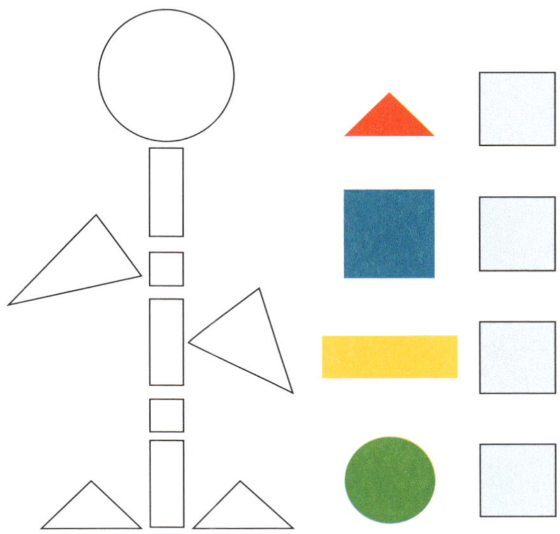

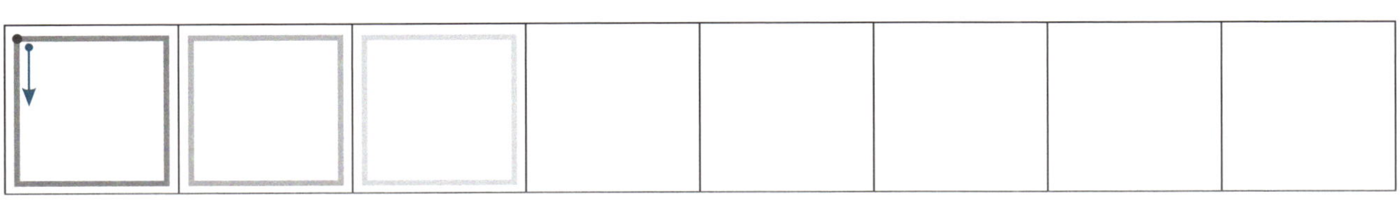

▸ D 9/10
▸ KV 27

Sprechen
Die Sonne hat einen Kreis und acht Rechtecke.
<u>einen</u> Kreis, zwei Kreise

Didaktische Information
Geometrische Grundformen erkennen, benennen, ausmalen und zählen

Formen erkennen

①

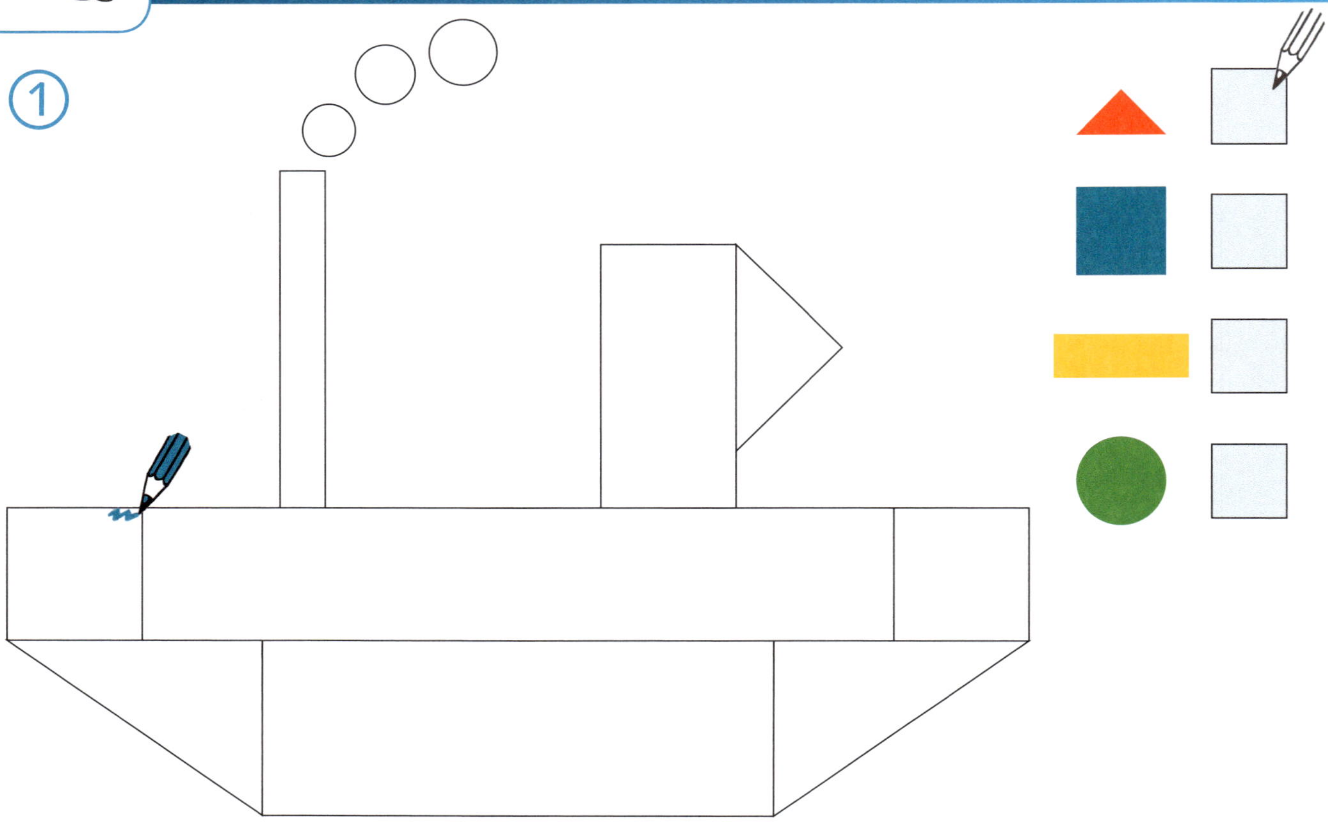

②

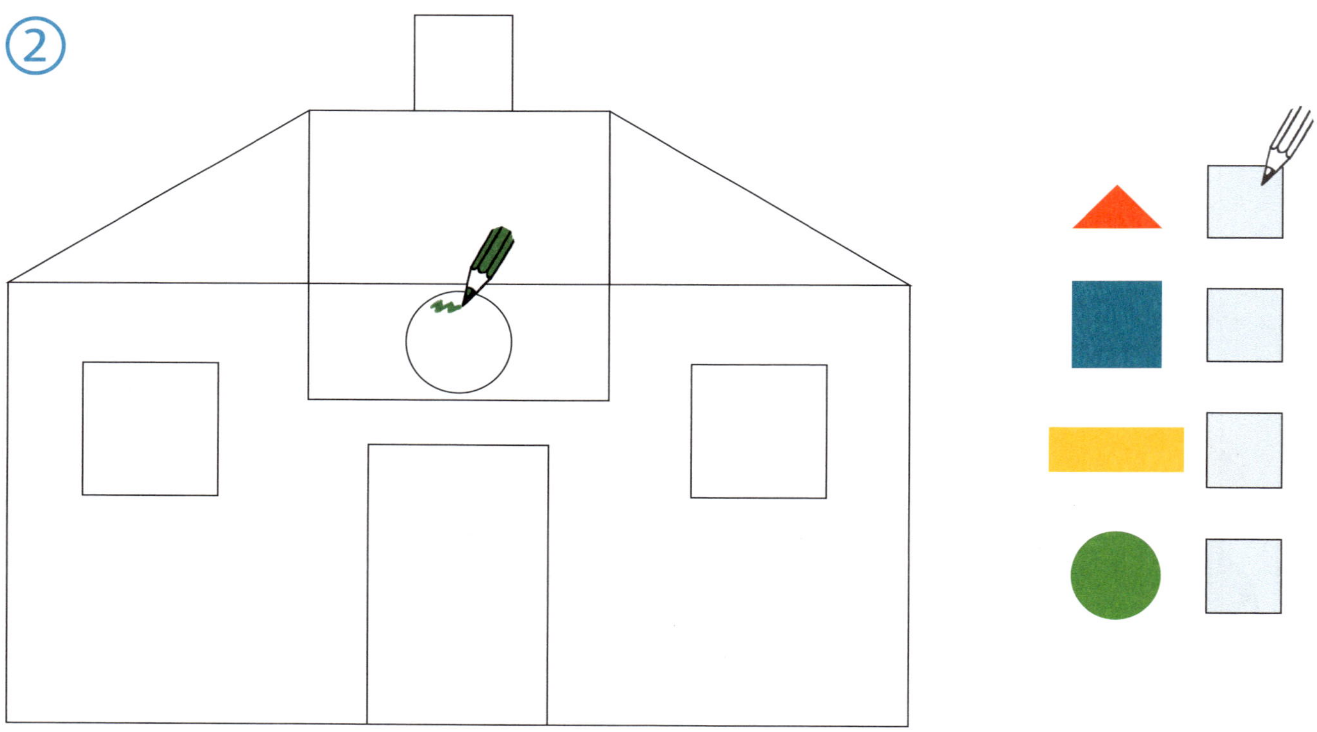

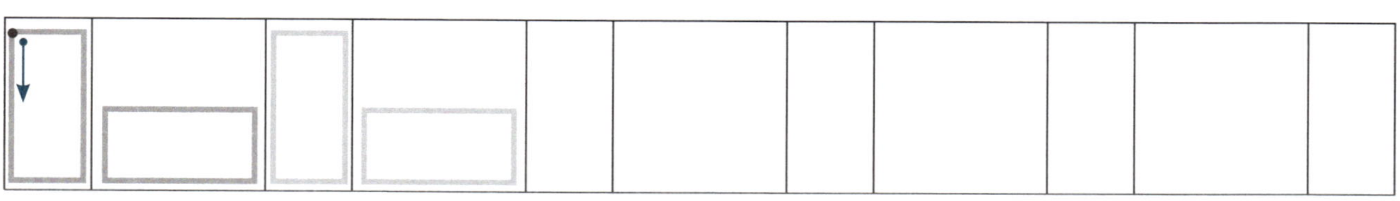

Didaktische Information
Eine zusammengesetzte Figur als Ganzes und in ihren Teilen wahrnehmen; Bildbeschreibung

Sprechen
Das Schiff hat drei Dreiecke, zwei Quadrate, vier Rechtecke und drei Kreise.
Das Haus hat zwei Dreiecke, drei Quadrate, vier Rechtecke und einen Kreis.

▸ D 9/10
▸ KV 27

Figuren auslegen

①

▸D 9/10
▸KV 28

Sprechen
Ich lege ein Quadrat/ein Rechteck/ein Dreieck.
Ich nehme …

Didaktische Information
Erprobung, geometrische Figuren mit verschiedenen geometrischen Formen auszulegen (Kartonbeilage)

Figuren auslegen

1

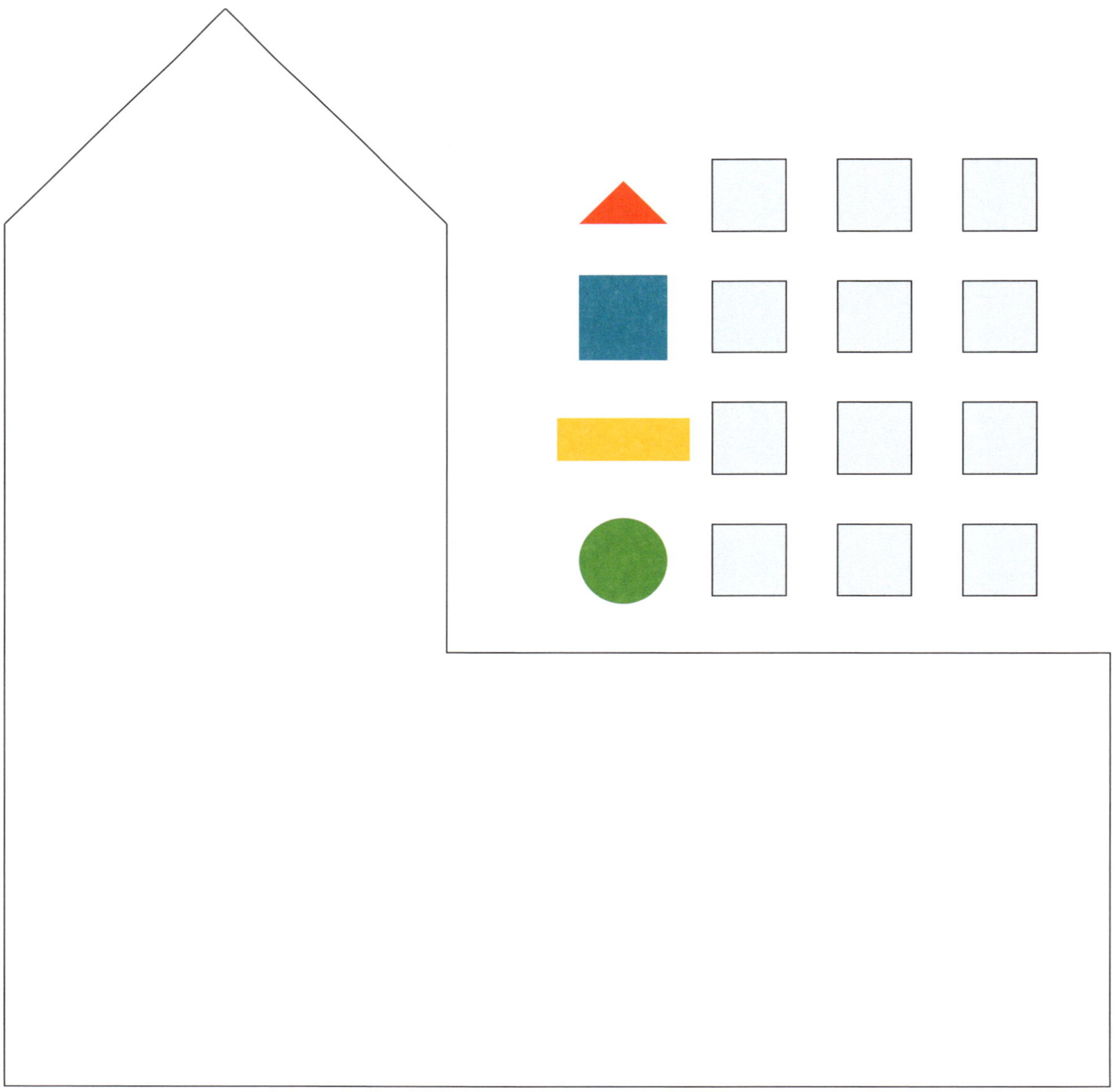

Didaktische Information
Erprobung, eine Figur mit verschiedenen geometrischen Formen auszulegen und auszuzählen (Kartonbeilage); es gibt verschiedene Lösungsmöglichkeiten, deshalb drei Schreibkästchen.

Sprechen
Ich lege ein Haus. Ich nehme …
! ein Dreieck, zwei Dreiecke

▸D 9/10
▸KV 28

Figuren nachlegen

①

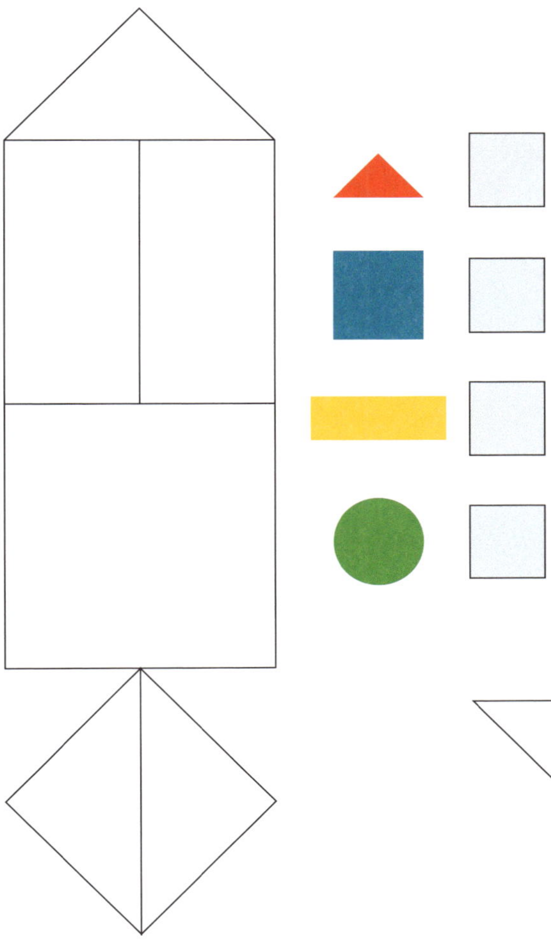

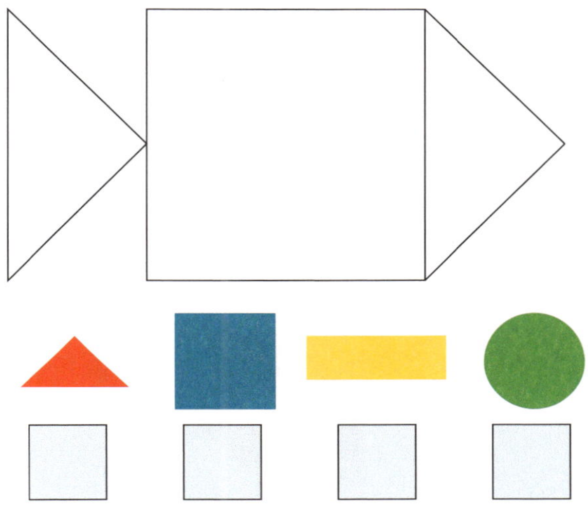

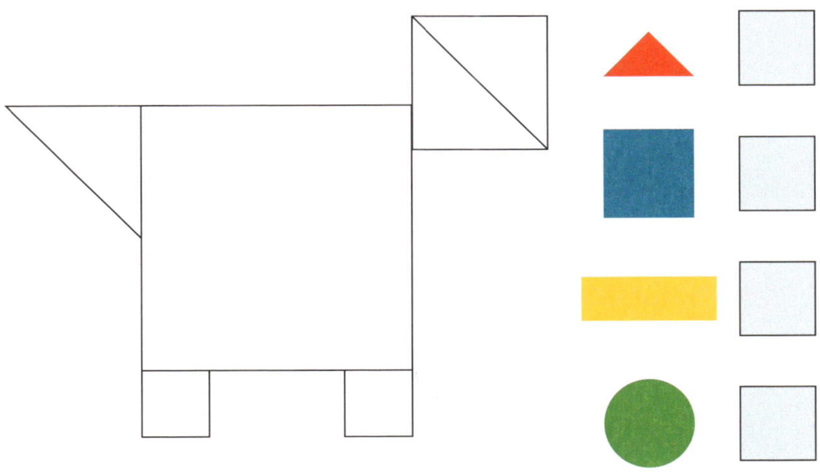

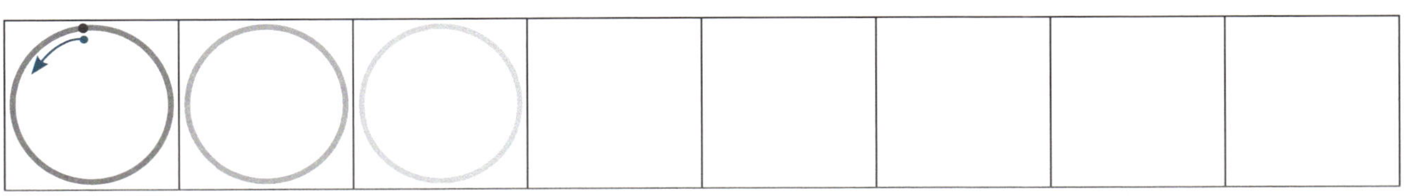

Sprechen
Ich lege ein Haus. Ich nehme …
! ein Dreieck, zwei Dreiecke

Didaktische Information
Figuren nachlegen und auszählen (Kartonbeilage);
D Figuren spiegelverkehrt legen oder eigene Figuren erfinden und in ein Lerntagebuch eintragen

Muster legen

1

Didaktische Information
Angefangene Muster mit Kartonbeilage weiterführen; **D** Eigene Muster erfinden und auf ein Plakat malen/in ein Lerntagebuch eintragen

Sprechen
Immer ein Quadrat, ein Rechteck, zwei Dreiecke
Immer ein Quadrat, vier Dreiecke

▸ KV 30

Muster zeichnen

①

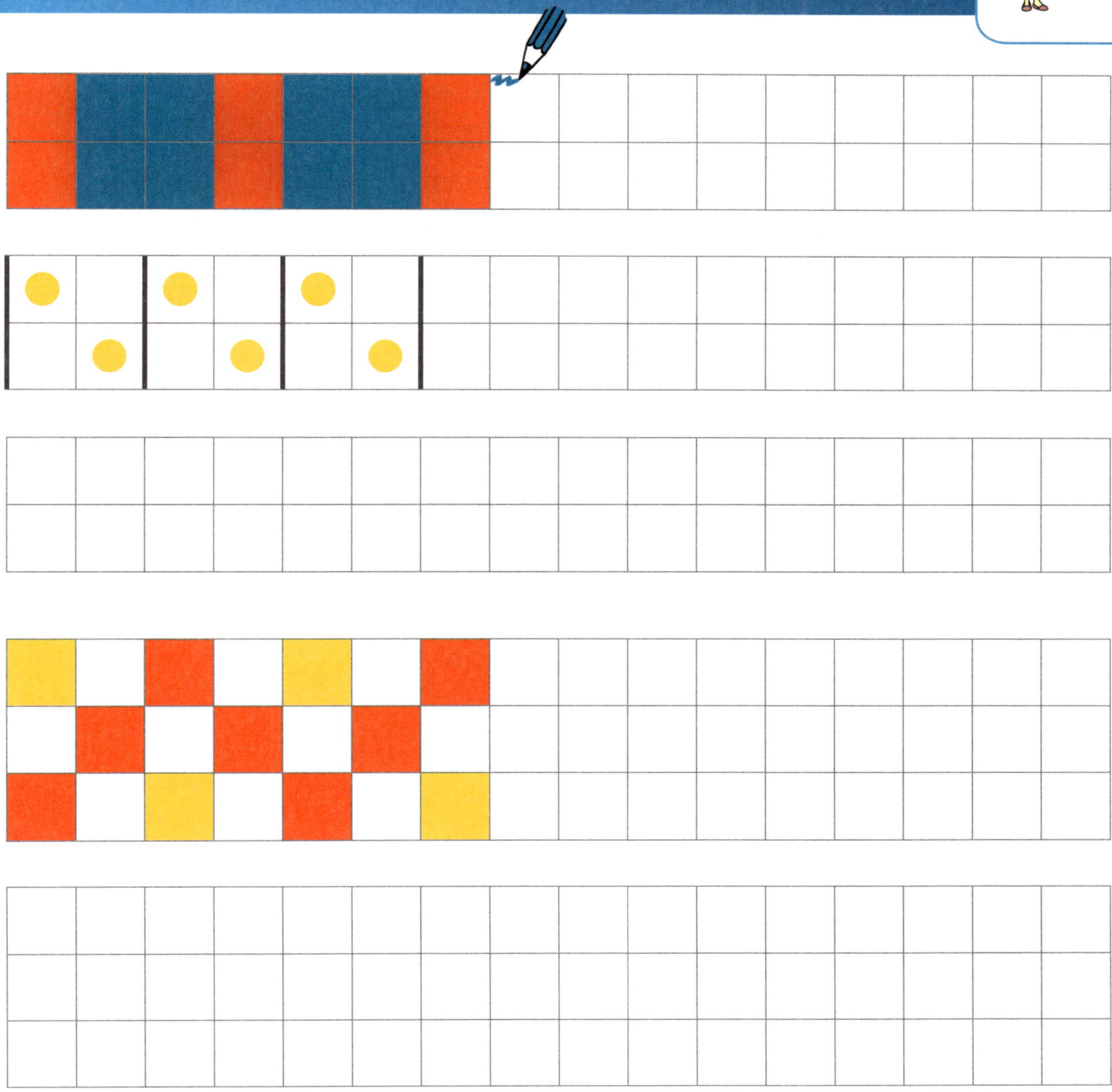

②

Didaktische Information
Angefangene Muster weiterzeichnen;
Nach Mustern in der Umwelt (Fotos) und in Medien suchen und damit ein Plakat gestalten

Muster im Neunerfeld

1

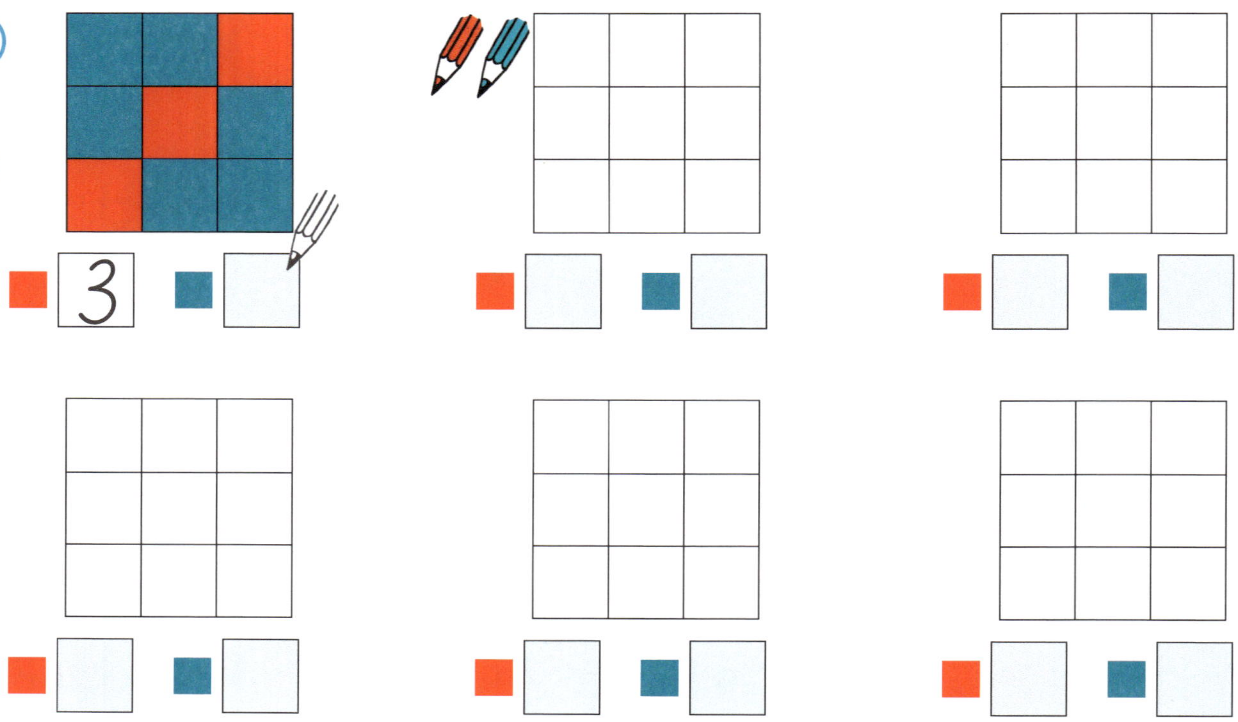

2

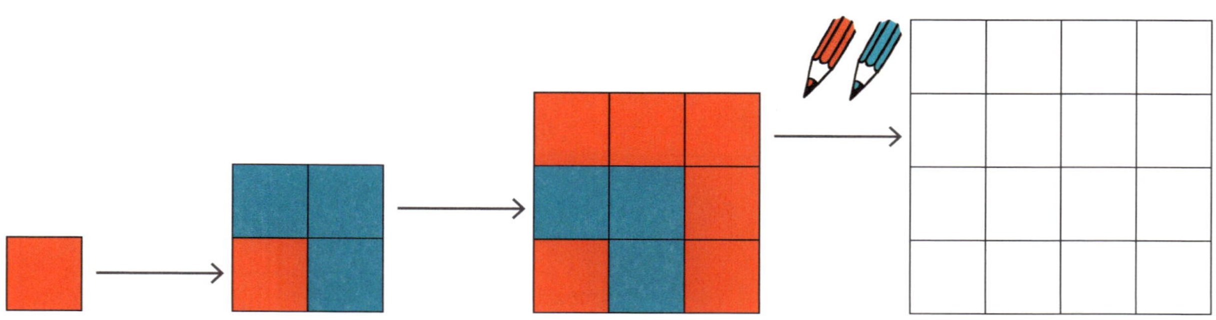

Didaktische Information
Eigene Muster im Neunerfeld entwickeln; angefangenes Muster weiterzeichnen

► KV 31

Zahlenmuster

1. 0 1 2 3 _ 5 _ _ _ 9 _

   10 9 _ _ 6 _ _ _ _ 1 0

2. _ _ 4 5 6 _ _ _ 10

   _ _ _ 6 _ 4 3 2 _ 0

3. 1 2 3 1 2 3 _ _ _ _ _ 3

   6 5 4 6 5 4 _ _ _ _ _ 4

4. 0 2 4 _ _ _

   _ 3 _ _ 9

   10 8 6 _ _ _

5. _ _ _ _ _ _ _ _ _ _ _ _

▸D 15/16
▸KV 32

Didaktische Information
Zahlenmuster erkennen und fortführen;
D Eigene Zahlenmuster (auch über 10) erfinden und in ein Lerntagebuch schreiben

Das kann ich schon

1

S. 39

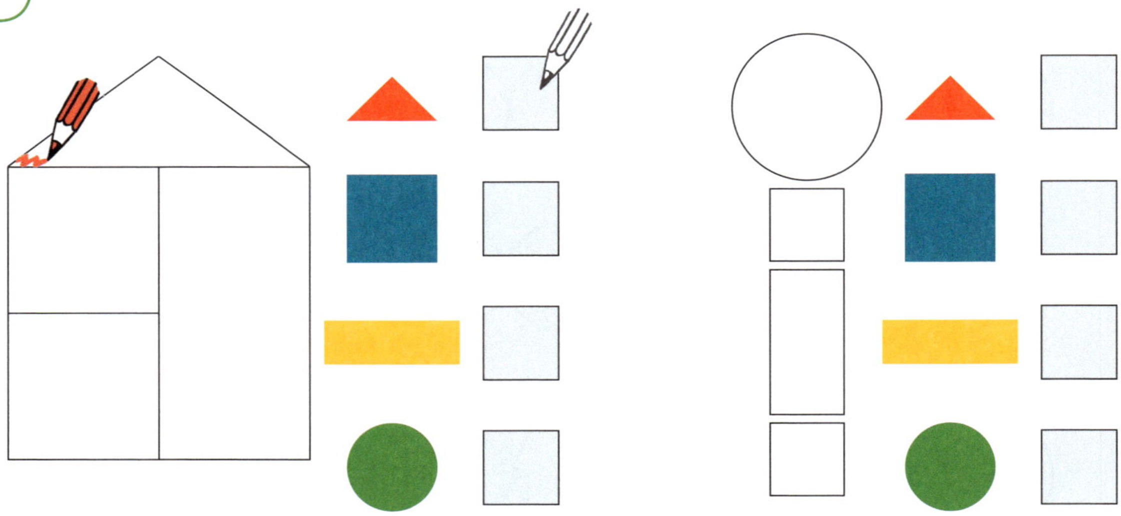

2

S. 45

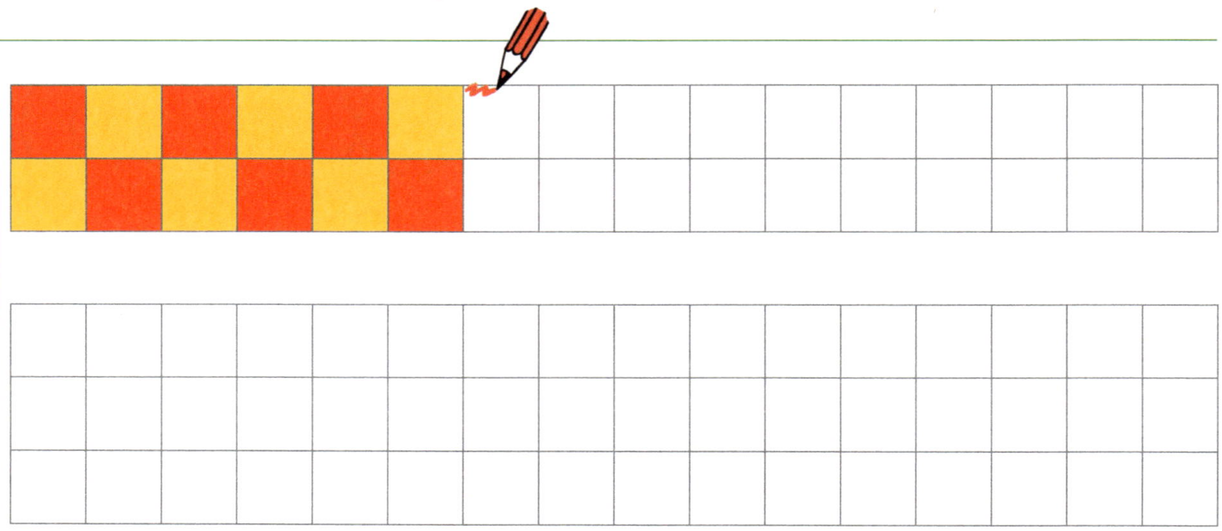

3

S. 46

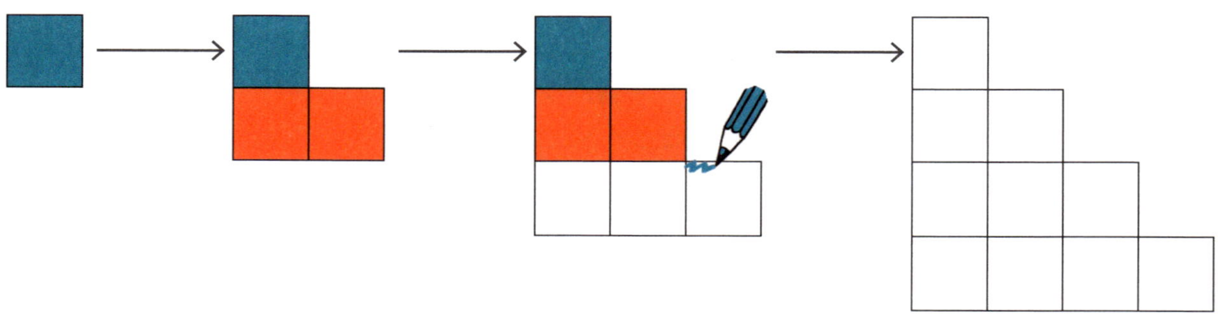

4

S. 47

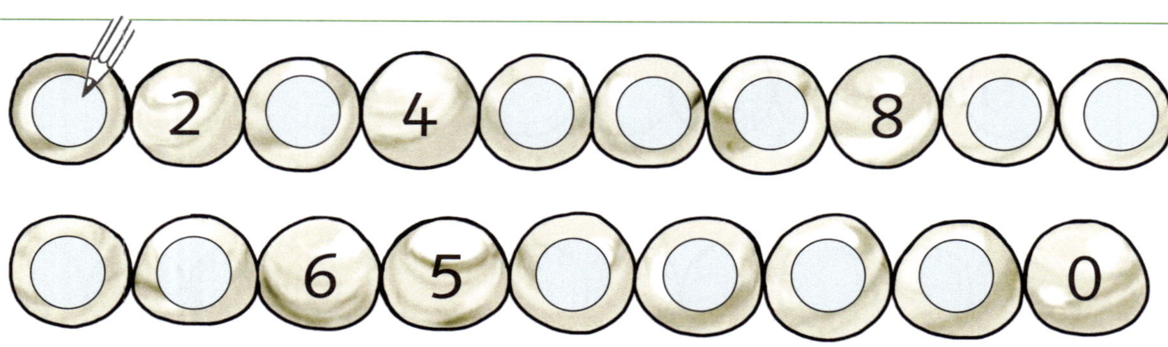

Didaktische Information
Aufgaben zur Selbstüberprüfung und Selbsteinschätzung, zunächst noch stark durch die Lehrkraft gesteuert – später zunehmend als Selbstkontrolle/Selbsteinschätzung

Forscherseite

1

2

3

Didaktische Information
Anregungen zum Ausprobieren, Knobeln, Forschen und Entdecken mit Anforderungen, die über die der vorherigen Seiten hinausgehen

Zahlen zerlegen mit der Schüttelbox

1

Didaktische Information
Handlungssequenz (schütteln, schauen, zeichnen, schreiben); Zahlzerlegung sprachlich begleiten, um fachsprachliche Formulierung aufzubauen

Sprechen
Ich zerlege 4 in 3 und 1.
! Verb im Perfekt („habe ... zerlegt") nur in der sprachlichen Differenzierung verwenden

▸D 17/18
▸KV 33

②

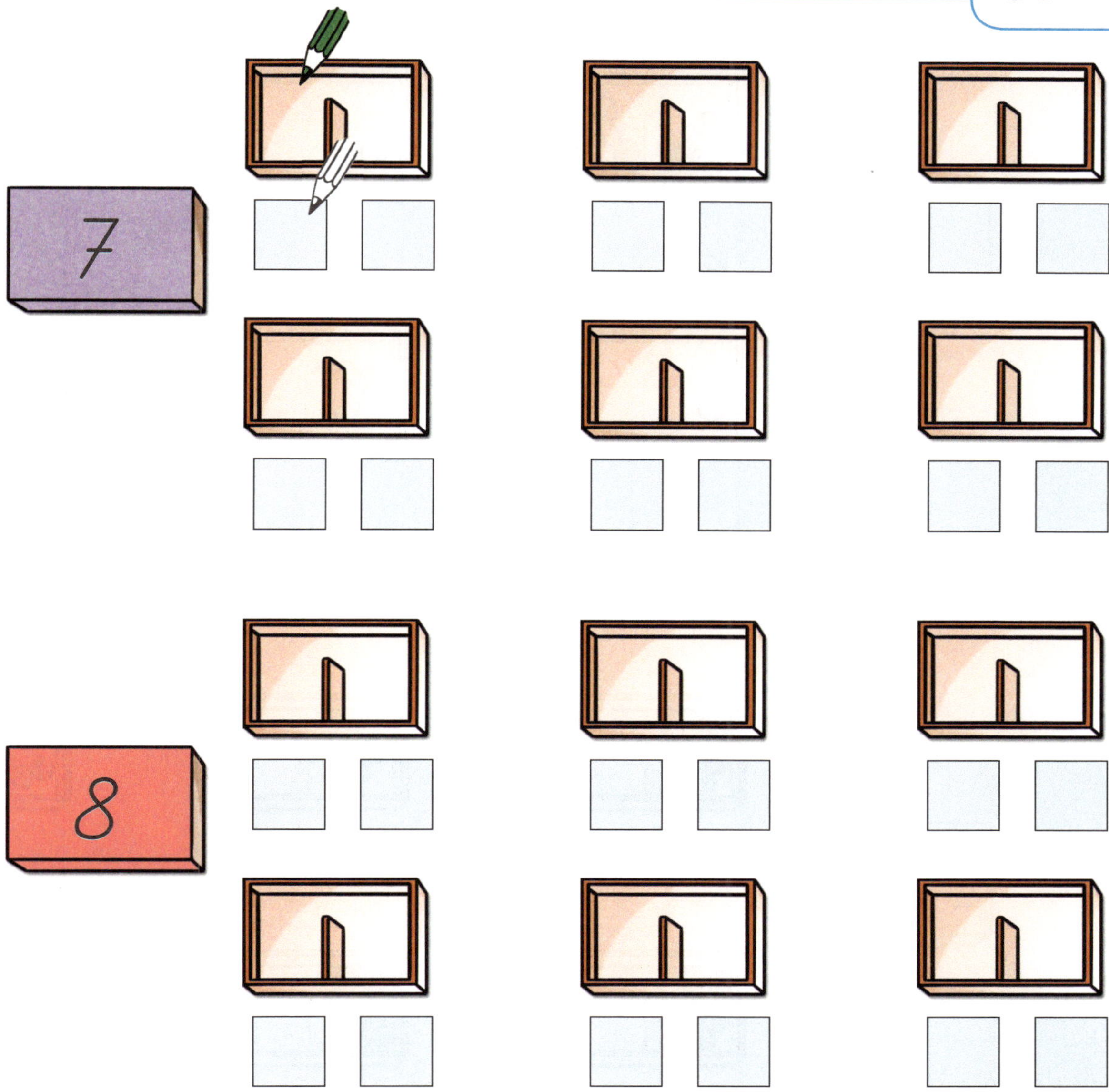

③

▸D 17/18
▸KV 34

Sprechen
Ich zerlege 4 in 3 und 1.
! Verb im Perfekt („habe ... zerlegt") nur in der sprachlichen Differenzierung verwenden

Didaktische Information
Betonung der verschiedenen Zerlegungsmöglichkeiten; D „Wer findet alle Möglichkeiten?"

Wie viele fehlen?

①

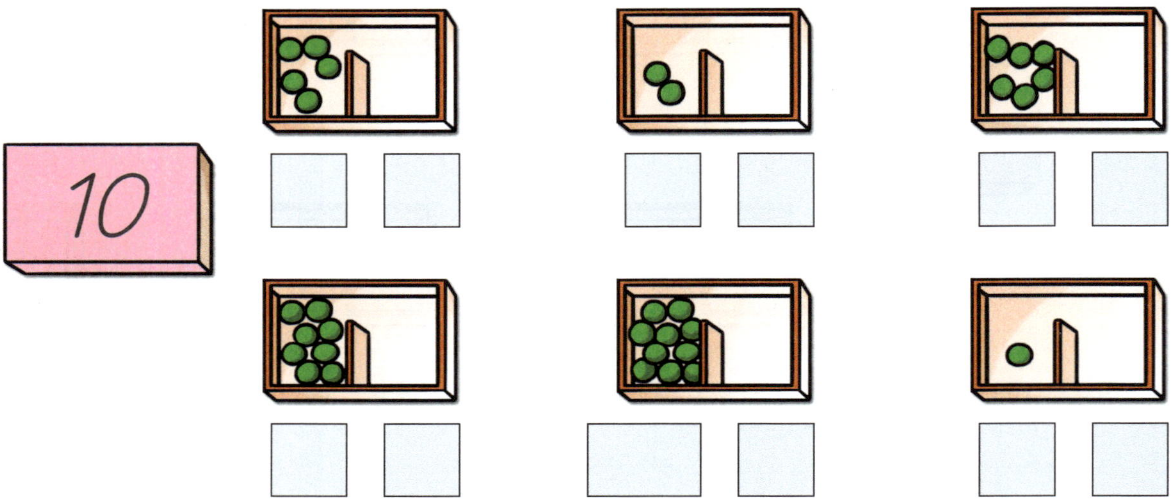

Didaktische Information
Handlungssequenz sprachlich begleiten; Bestimmung der Teilmenge setzt sicheres Zerlegen der Zahlen voraus; Aufgabe soll in der Vorstellung gelöst werden

Sprechen
Ich zerlege 5. Ich sehe 2. 3 fehlen.

▸D 17/18
▸KV 34/35

Wie viele sind versteckt?

①

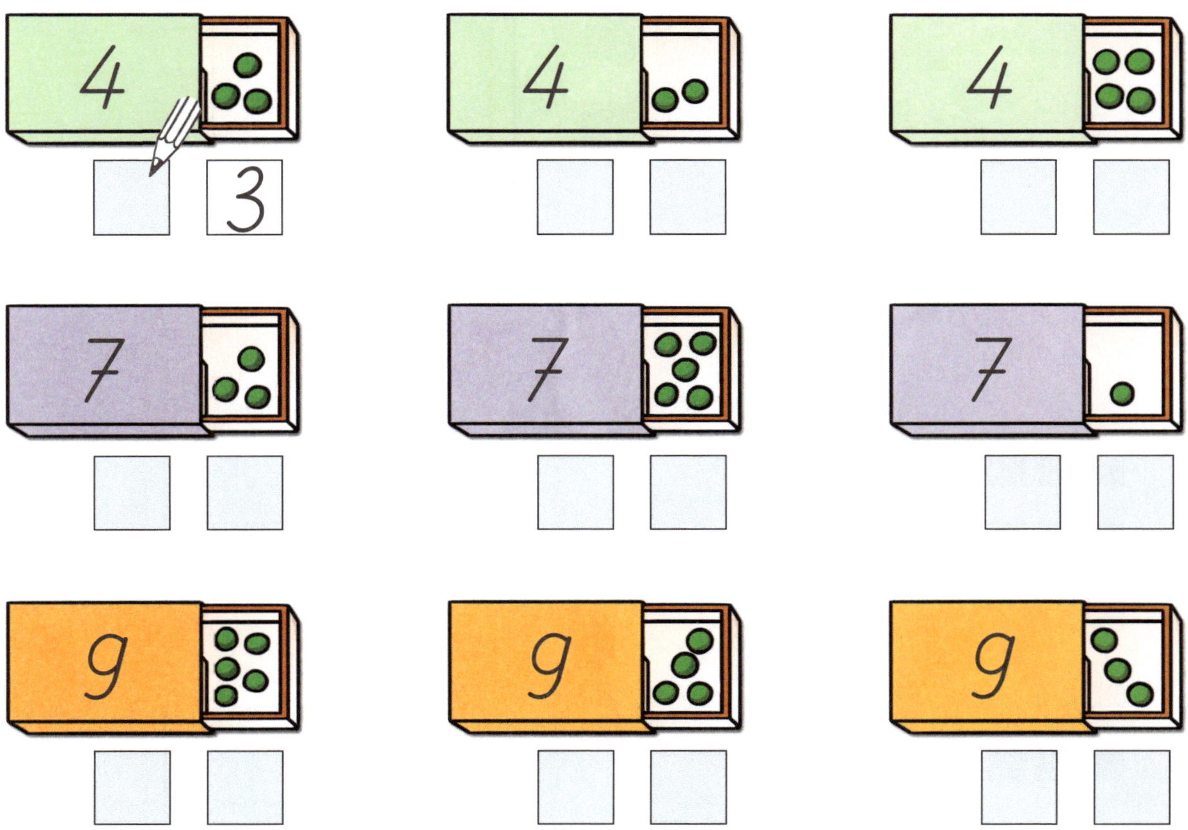

▸D 17/18
▸KV 35

Sprechen
Ich zerlege 6. Ich sehe 2. Versteckt sind 4.

Didaktische Information
Betonung der verschiedenen Zerlegungsmöglichkeiten

Zahlenhäuser

zerlegen

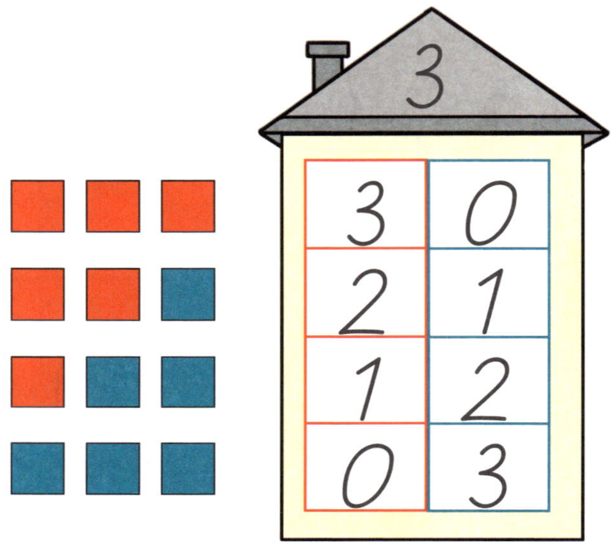

1

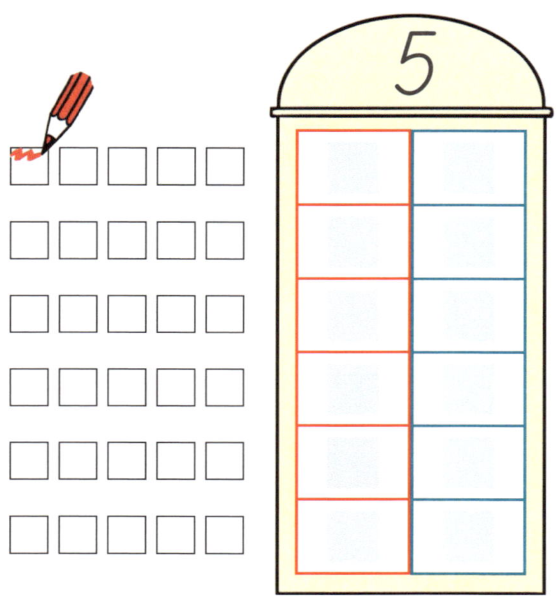

Didaktische Information
Zahlenhäuser als systematische Möglichkeit, alle Zerlegungsmöglichkeiten zu sammeln;
D Kinder, die noch unsicher sind mit Plättchen legen lassen (Kartonbeilage)

Sprechen
Ich zerlege 3 in 3 und 0.
Verwendung der Formulierung in neuem Kontext

► D 19/20
► KV 36/37

(2)

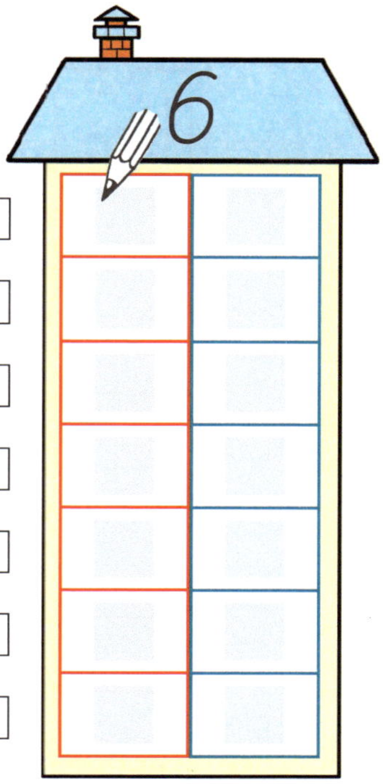

(3)

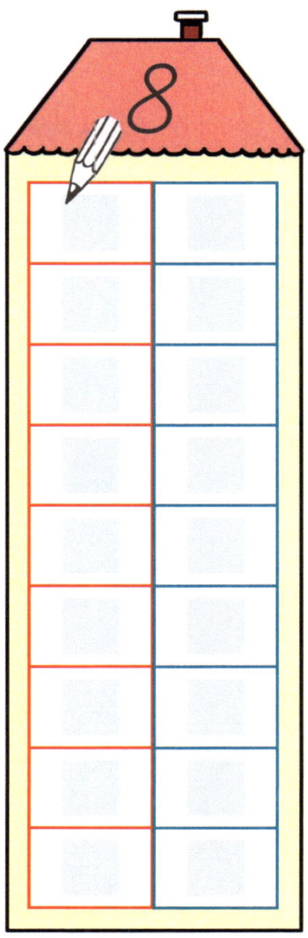

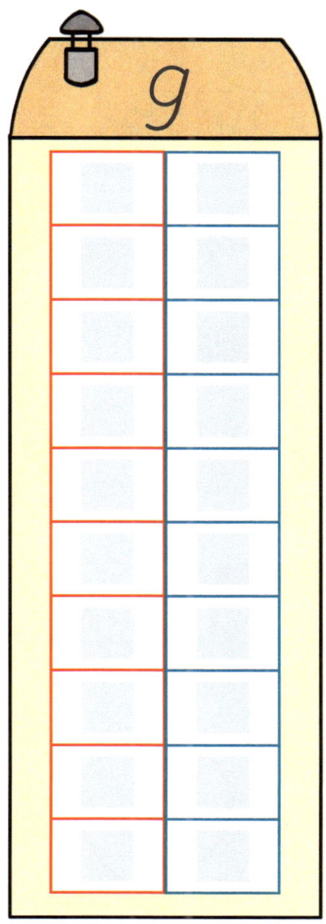

▸D 19/20
▸KV 36/37

Sprechen
Ich zerlege 6 in 5 und 1.

Didaktische Information
D Kinder, die noch unsicher sind, mit Plättchen legen lassen (Kartonbeilage); Ein eigenes Lernplakat mit den Zerlegungshäusern gestalten

Partnerzahlen – die Zahl 10 zerlegen

1

die Partnerzahlen

2

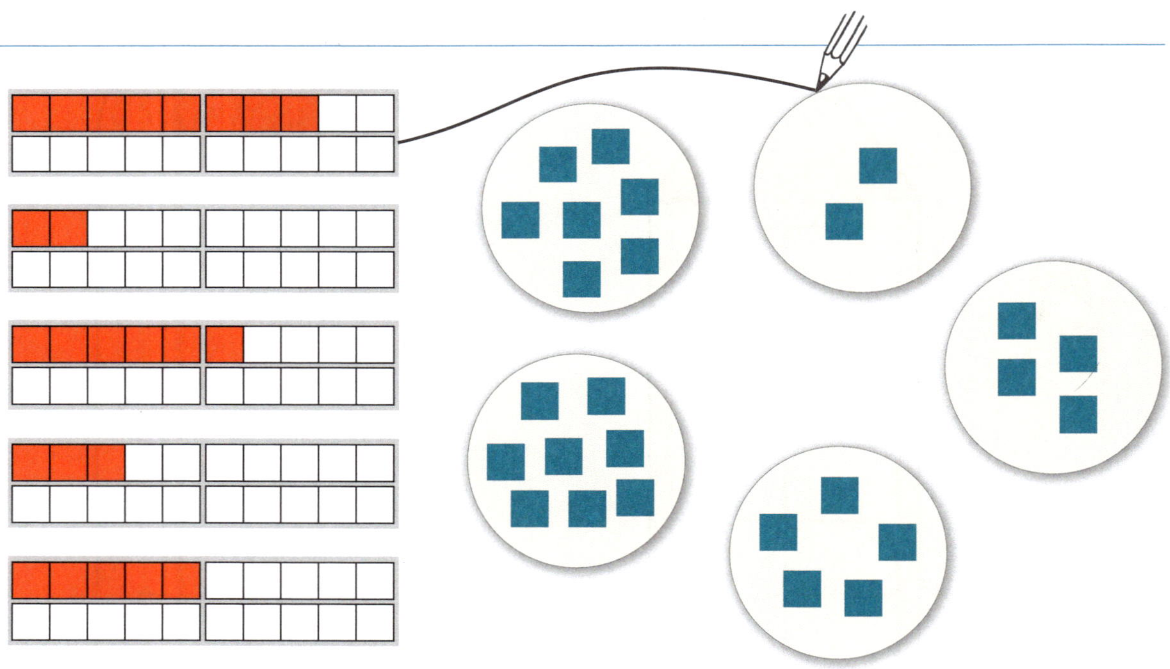

3

Didaktische Information
Vielfältige Automatisierungsübungen sind bei den Partnerzahlen von großer Bedeutung;
D Kinder, die noch unsicher sind, mit Plättchen legen lassen (Kartonbeilage)

Sprechen
Die Partnerzahl von 9 ist 1.

▸D 21/22
▸KV 38

1

4

2	
0	
1	
3	
4	

5

4	
1	
3	
2	
5	

6

	6
	2
	3
	1
	0
	4

7

	5
	3
	0
	1
	6
	4

8

2	
	6
4	
	5
1	
	8

9

9	
	4
1	
	5
3	
	7

▸D 21/22
▸KV 38

Sprechen
Ich zerlege 4 in 2 und 2.

Didaktische Information
Nichtsystematische Zahlenhäuser zur Festigung der Zahlzerlegungen; D Kinder, die noch unsicher sind, mit Plättchen legen lassen (Kartonbeilage)

Das kann ich schon

1

S. 50/51

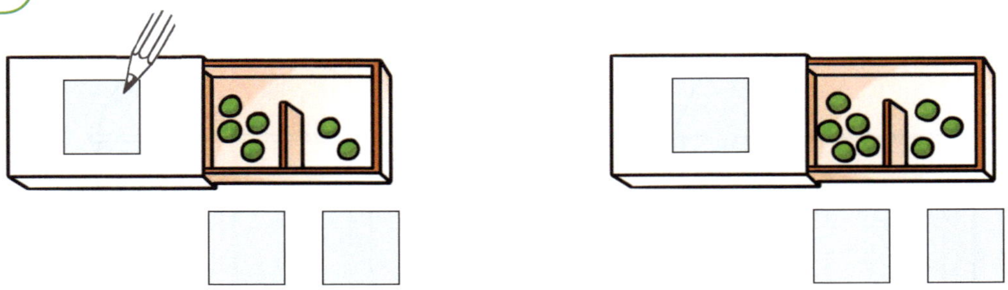

2

S. 53

3

S. 54

4

S. 55–57

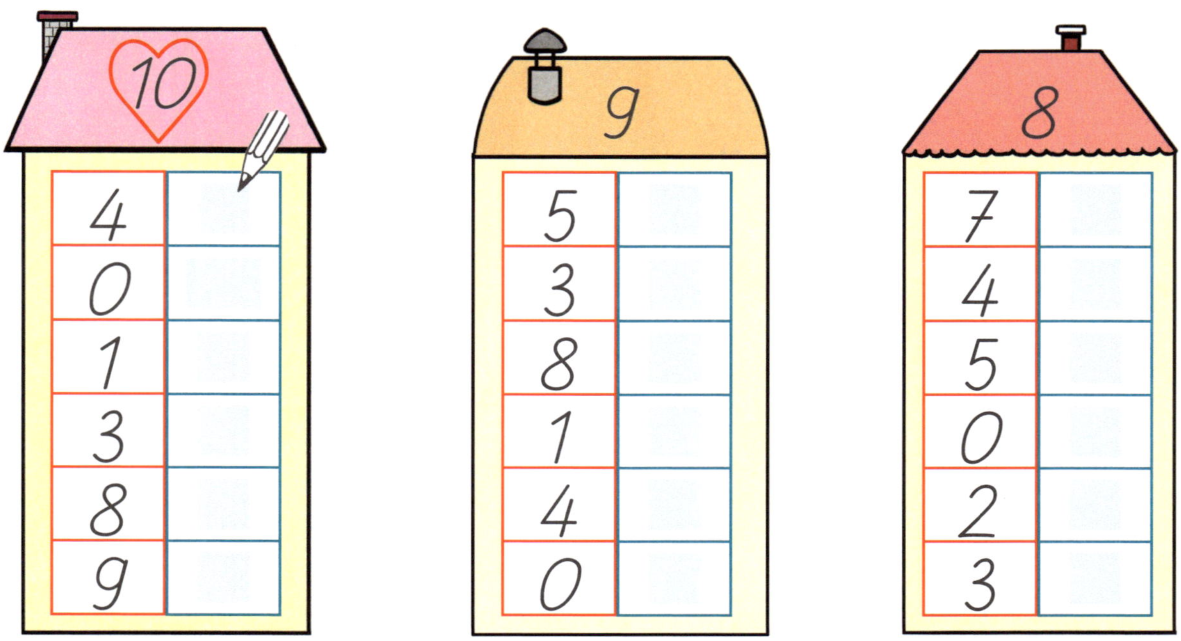

Didaktische Information
Aufgaben zur Selbstüberprüfung und Selbsteinschätzung, zunächst noch stark durch die Lehrkraft gesteuert – später zunehmend als Selbstkontrolle/Selbsteinschätzung

Forscherseite

1

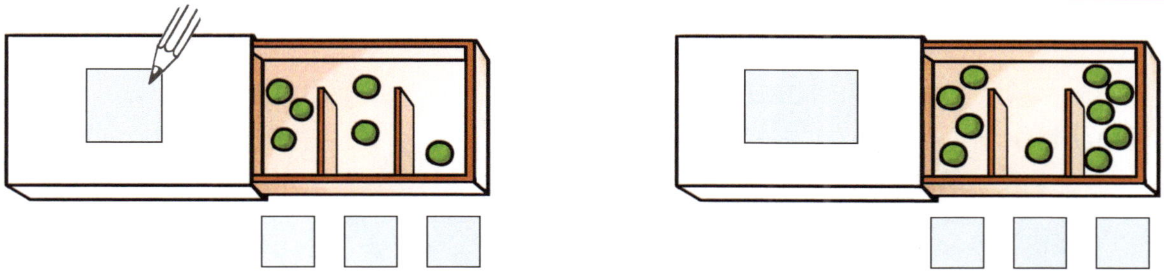

2

3

Didaktische Information
Anregungen zum Ausprobieren, Knobeln, Forschen und Entdecken mit Anforderungen, die über die der vorherigen Seiten hinausgehen

Rechengeschichten

plus
gleich

3 + 2 = 5

plus gleich

①

3 + ☐ = ☐

☐ + ☐ = ☐

Didaktische Information
Besprechen, was „+" bedeutet, z. B. dazukommen, -fliegen, -fahren etc.;
! Dynamischer Aspekt der Addition; Veränderung der Ausgangssituation

Sprechen
3 Autos sind da. 2 Autos kommen dazu. Zusammen sind es 5 Autos. Erst Alltagssprache zur Erklärung der Addition verwenden, mathematisch korrekte Sprechweise erst ab S. 64 erforderlich

► D 23/24

②

3 + ☐ = ☐

☐ + ☐ = ☐

③

☐ + ☐ = ☐

☐ + ☐ = ☐

▸ D 23/24
▸ KV 39

Sprechen
Nomen und Verbendung/Verb ändern sich bei Pluralbildung;
Unterscheidung „gleich" in der Mathematik und in der Umwelt.

Didaktische Information
D Eigene Rechengeschichten erfinden und in ein Lerntagebuch schreiben; Leistungsstarke Kinder können über 10 hinausgehen

Plusaufgaben

plus
gleich

5 [+] 3 [=] 8

plus gleich

1

4 + 3 = ☐

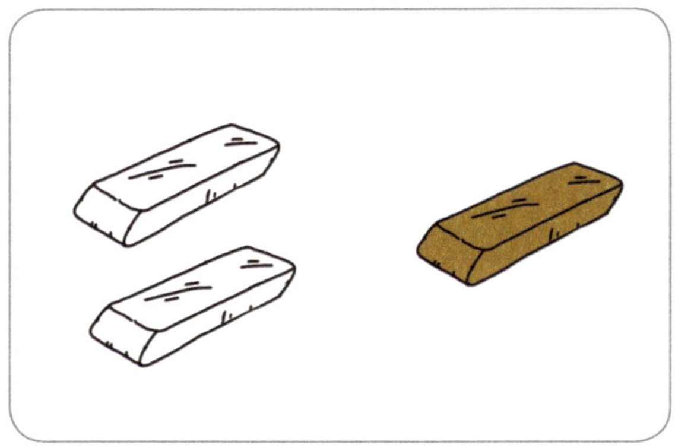

☐ + ☐ = ☐

☐ + ☐ = ☐

☐ + ☐ = ☐

Didaktische Information
! Statischer Aspekt der Addition; zwei Mengen als Teilmengen einer Gesamtmenge (Teil – Teil – Ganzes – Konzept)

Sprechen
5 rote Stifte und 3 blaue Stifte. Zusammen sind es 8 Stifte.

▸D 25/26

2

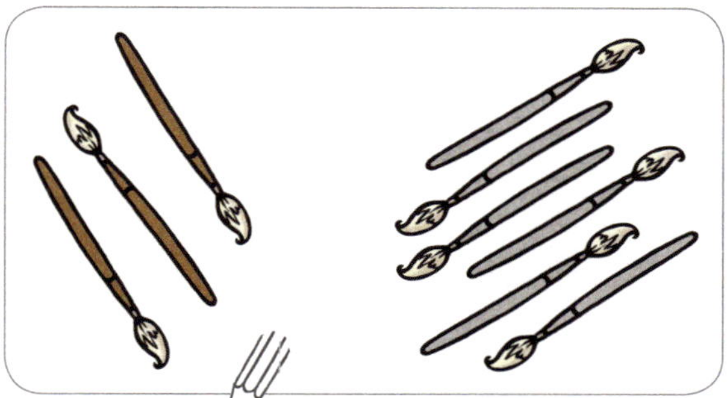

☐ + ☐ = ☐

☐ + ☐ = ☐

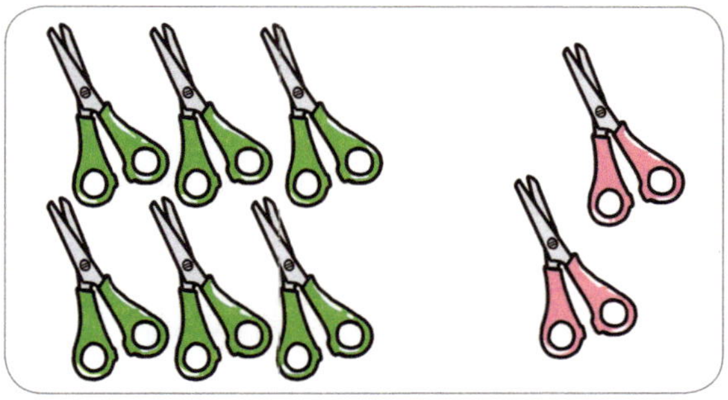

☐ + ☐ = ☐

☐ + ☐ = ☐

3

☐ + ☐ = ☐

☐ + ☐ = ☐

☐ + ☐ = ☐

☐ + ☐ = ☐

Didaktische Information
D Eigene Rechengeschichten erfinden und in ein Lerntagebuch schreiben; Leistungsstarke Kinder können über 10 hinausgehen

Plusaufgaben am Zwanzigerfeld

plus
gleich

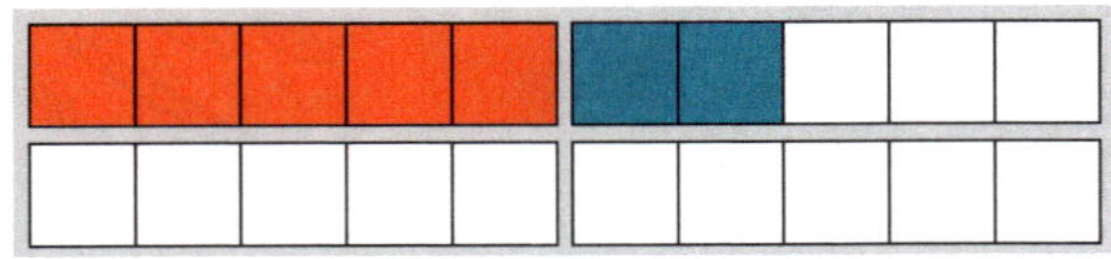

5 ☐+ 2 ☐= 7

plus gleich

①

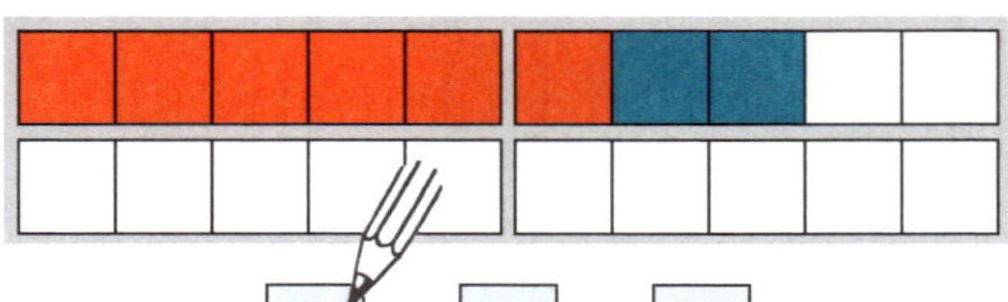

☐ + ☐ = ☐

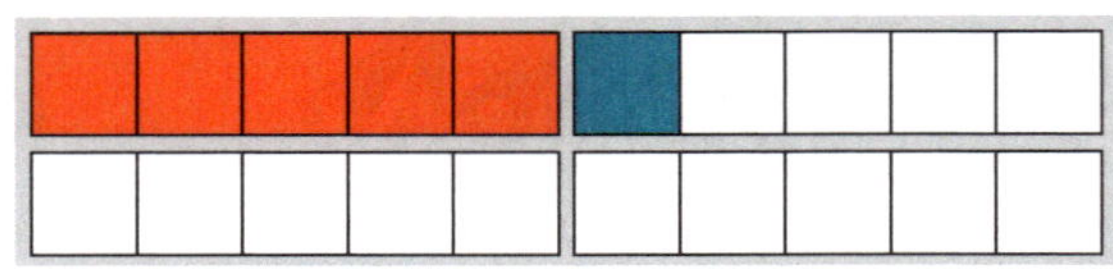

☐ + ☐ = ☐

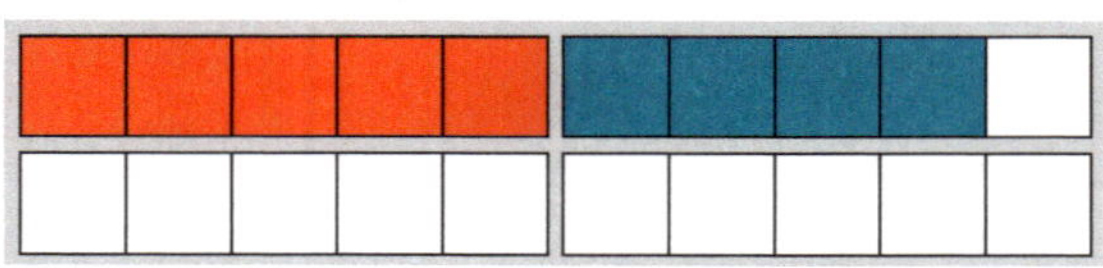

☐ + ☐ = ☐

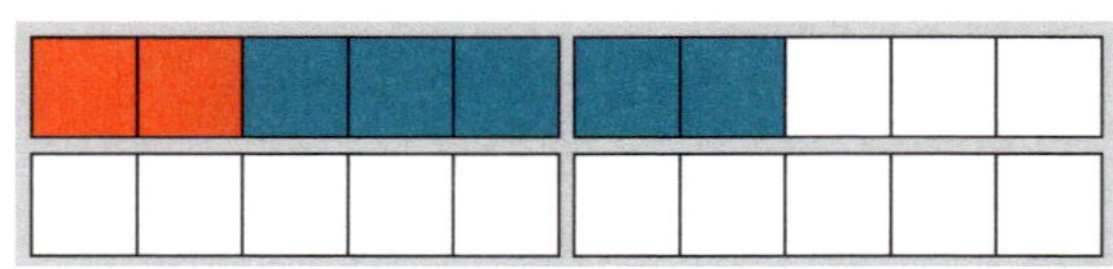

☐ + ☐ = ☐

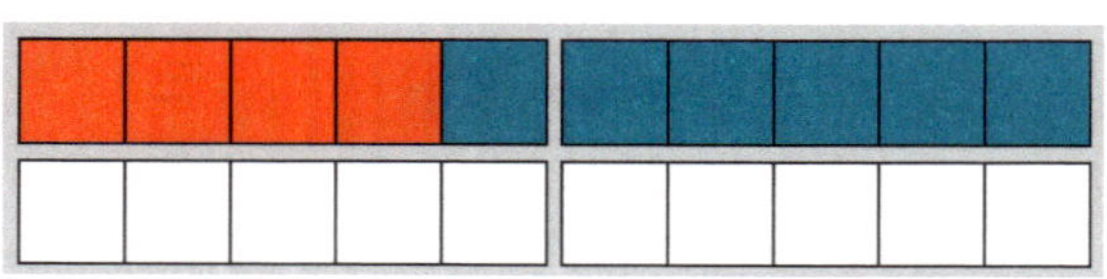

☐ + ☐ = ☐

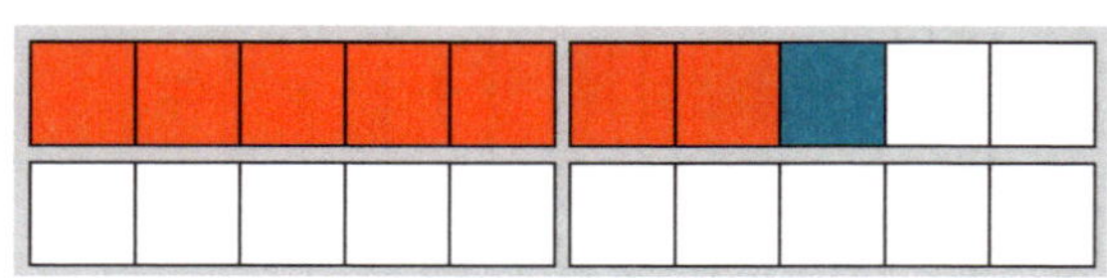

☐ + ☐ = ☐

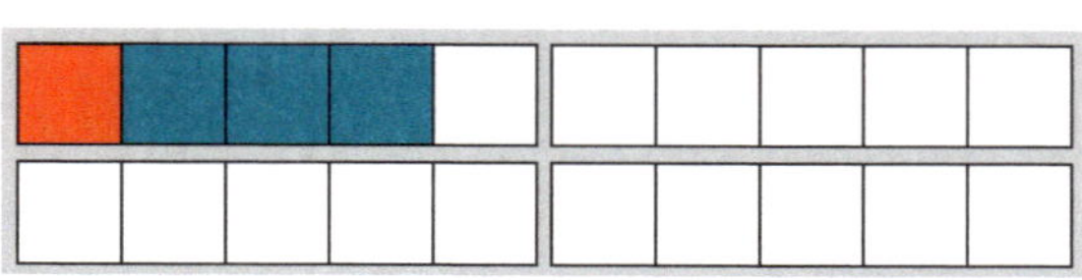

☐ + ☐ = ☐

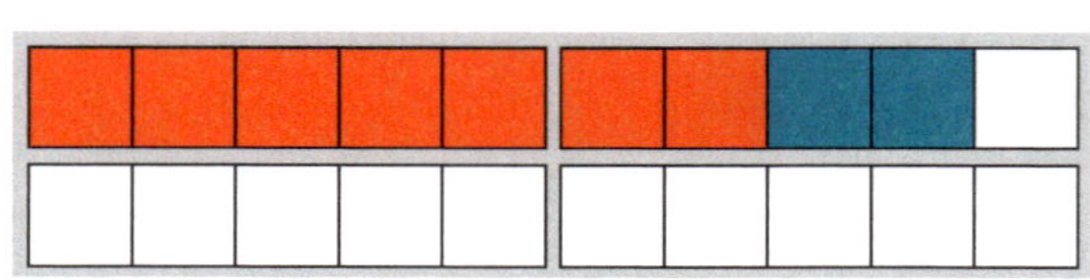

☐ + ☐ = ☐

Didaktische Information
Besprechen, wie es sinnvoll ist, ins Zwanzigerfeld zu legen (schnelle Zahlerfassung – Nutzen der „Kraft der 5“), und erkennen, dass es unterschiedliche Möglichkeiten gibt

Sprechen
5 plus 2 gleich 7.
Ab jetzt mathematisch korrekte Sprechweise verwenden

▸D 27/28
▸KV 41/42

plus
gleich

$5 + 4 = 9$

2

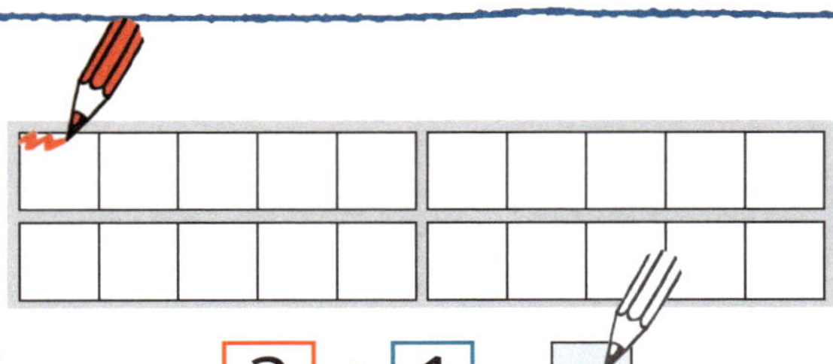

$2 + 1 = \square$

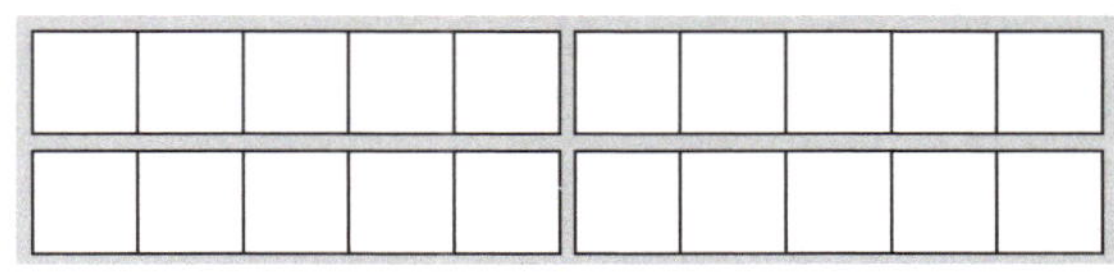

$3 + 4 = \square$

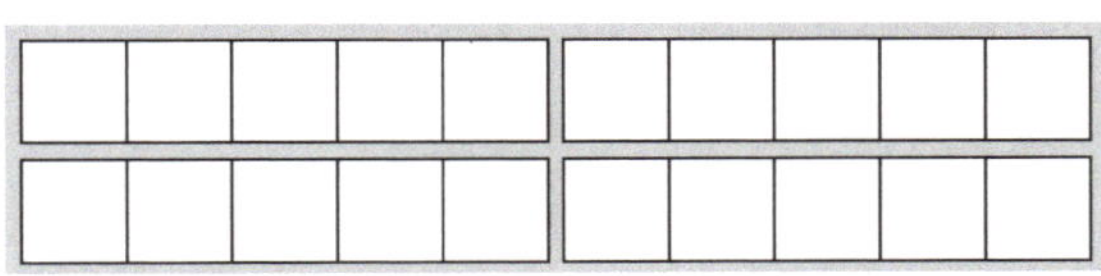

$4 + 4 = \square$

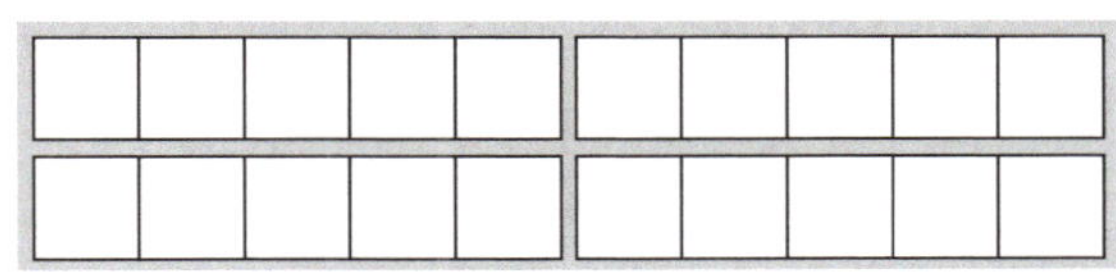

$5 + 2 = \square$

3

$\square + \square = \square$

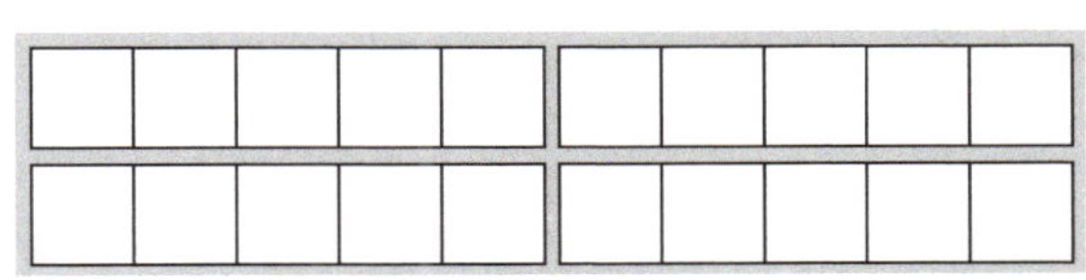

$\square + \square = \square$

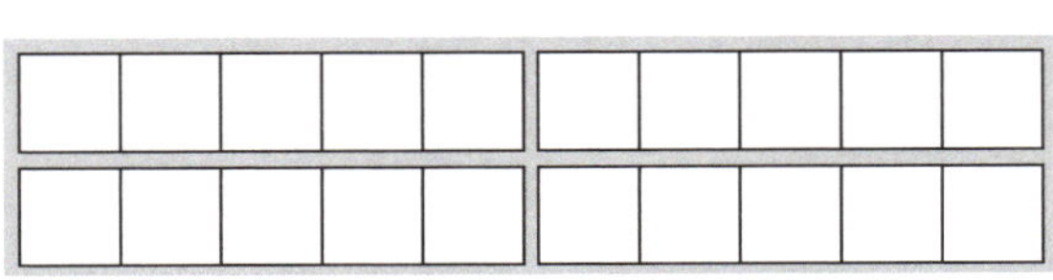

$\square + \square = \square$

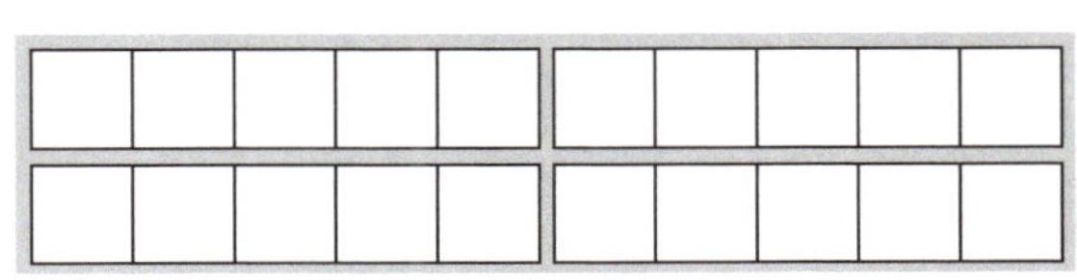

$\square + \square = \square$

Sprechen
5 plus 4 gleich 9.

Didaktische Information
D Kinder, die noch unsicher sind, mit Plättchen im Zwanzigerfeld legen lassen (Kartonbeilage)

Entdeckerpäckchen

1

5 + 1 = ☐
5 + 2 = ☐
5 + 3 = ☐
5 + 4 = ☐

3 + 6 = ☐
3 + 5 = ☐
3 + 4 = ☐
3 + 3 = ☐

2

6 + 4 = ☐
6 + 3 = ☐
6 + ☐ = ☐
6 + ☐ = ☐

4 + 2 = ☐
5 + 2 = ☐
☐ + 2 = ☐
☐ + 2 = ☐

☐ + ☐ = ☐
☐ + ☐ = ☐
☐ + ☐ = ☐
☐ + ☐ = ☐

☐ + ☐ = ☐
☐ + ☐ = ☐
☐ + ☐ = ☐
☐ + ☐ = ☐

3

5 7 8 4

4 + 1 = 5

4 + 4 = ☐
2 + 5 = ☐
6 + 2 = ☐

5 + 0 = ☐

2 + 2 = ☐
6 + 1 = ☐
4 + 0 = ☐

2 + 3 = ☐

1 + 7 = ☐
3 + 4 = ☐
5 + 3 = ☐

1 + 4 = ☐

Didaktische Information
Struktur der Päckchen erkennen;
D Eigene Entdeckerpäckchen (über 10) erfinden und in ein Lerntagebuch schreiben

Sprechen
Die 1./2. Zahl/Das Ergebnis bleibt immer gleich.
Die 1./2. Zahl/Das Ergebnis wird immer um … größer/kleiner. D *Wenn …, dann …*

► D 29/30
► KV 43

4

2 + 4

1 + 5

7 + 1

2 + 3

3 + 3

4 + 4

5 + 0

5 + 3

4 + 1

5

4 + 2

9 + 1

7

9

4

6

4 + 0

10

5

1 + 6

5 + 4

3 + 2

6

$\square = 8 + 1$

$\square = 3 + 2$

$\square = 4 + 5$

$\square = 2 + 6$

$5 + 5 = \square$

$\square = 7 + 2$

$1 + 3 = \square$

$\square = 8 + 0$

► D 29/30

► KV 43

Sprechen
2 plus 4 gleich 6.

Didaktische Information
D Kinder, die noch unsicher sind, mit Plättchen im Zwanzigerfeld legen lassen (Kartonbeilage)

Tauschaufgaben

tauschen
die Tauschaufgabe

5 + 3 = 8

3 + 5 = 8

1

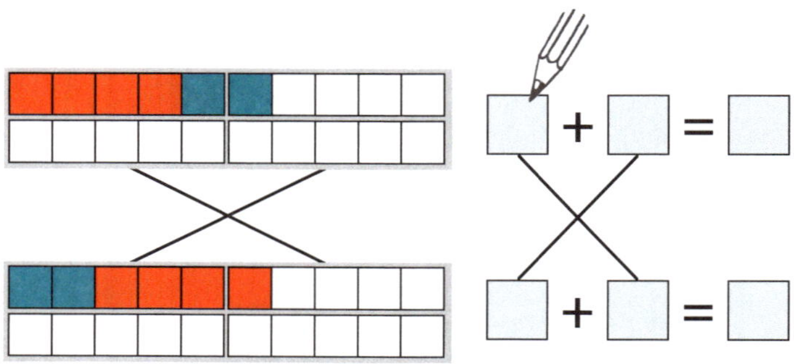

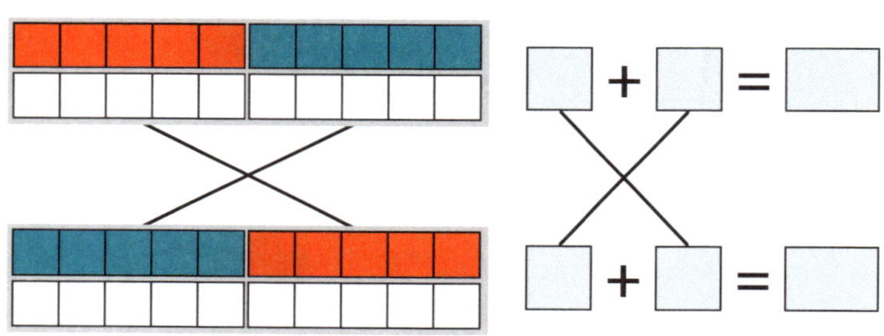

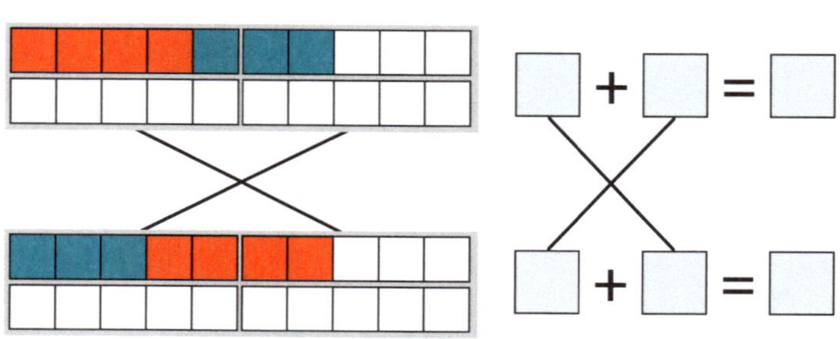

Didaktische Information
Hinweis, dass die Aufgabe gerechnet werden soll, die einem leichter fällt; D Beim Aufschreiben gleiche Zahlen gleich anmalen lassen

Sprechen
3 plus 5 gleich 8 ist die Tauschaufgabe zu 5 plus 3 gleich 8.
Die 1. und die 2. Zahl tauschen den Platz, das Ergebnis bleibt gleich.

▸ D 31/32
▸ KV 44

②

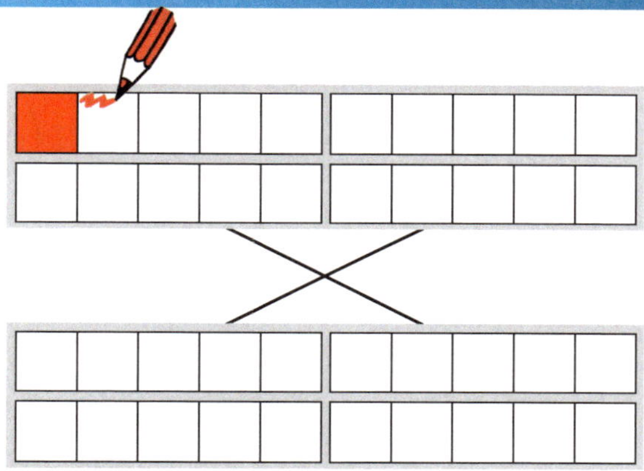

3 + 1 = ☐

1 + 3 = ☐

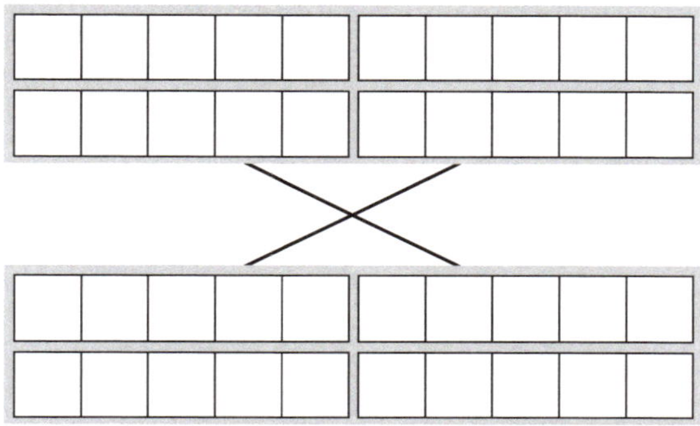

2 + 4 = ☐

4 + 2 = ☐

③

3 + 6 = ☐ | 9 + 1 = ☐ | 5 + 2 = ☐

6 + 3 = ☐ | 1 + 9 = ☐ | 2 + 5 = ☐

④

2 + 7 = ☐ | 8 + 0 = ☐ | 1 + 2 = ☐

☐ + ☐ = ☐ | ☐ + ☐ = ☐ | ☐ + ☐ = ☐

3 + 3 = ☐ | 5 + 1 = ☐ | 6 + 4 = ☐

☐ + ☐ = ☐ | ☐ + ☐ = ☐ | ☐ + ☐ = ☐

☐ + ☐ = ☐ | ☐ + ☐ = ☐ | ☐ + ☐ = ☐

☐ + ☐ = ☐ | ☐ + ☐ = ☐ | ☐ + ☐ = ☐

▸ D 31/32
▸ KV 44

Sprechen
Ich tausche die beiden Zahlen, aber das Ergebnis bleibt gleich.

Didaktische Information
Bei zwei gleichen Summanden ist die Tauschaufgabe gleich; D Kinder, die noch unsicher sind, mit Plättchen im Zwanzigerfeld legen lassen (Kartonbeilage)

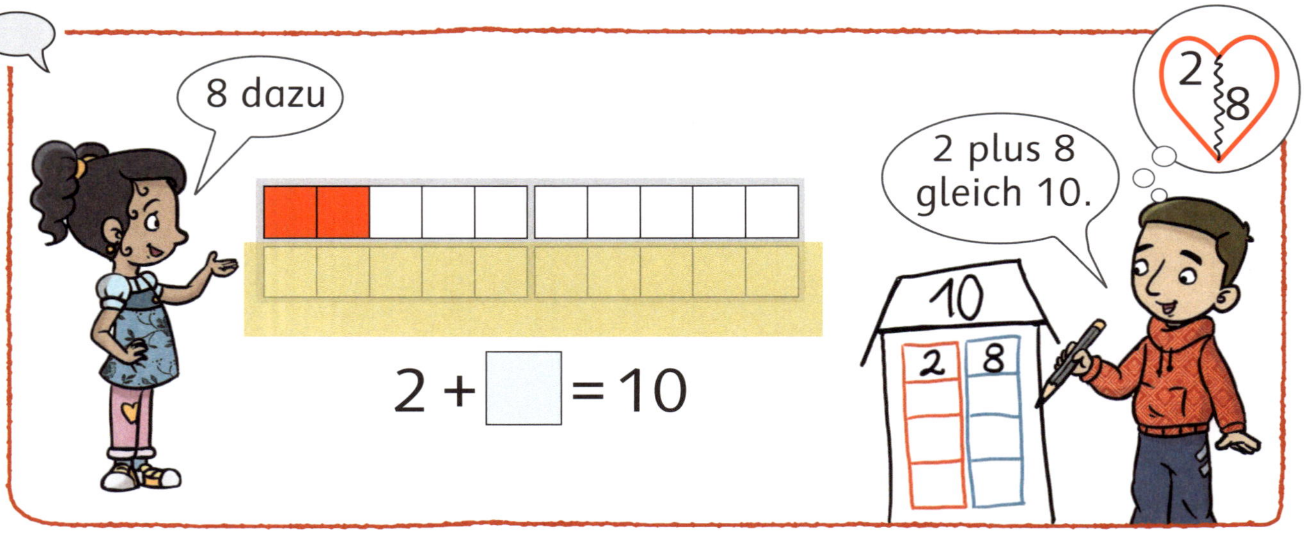

$2 + \square = 10$

①

ergänzen

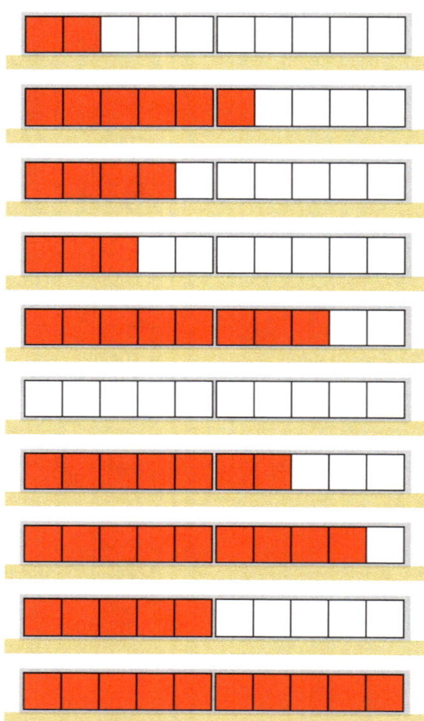

10	
2	8
6	
4	
3	
8	
0	
7	
9	
5	
10	

$2 + \square = 10$

$6 + \square = 10$

$4 + \square = 10$

$3 + \square = 10$

$8 + \square = 10$

$0 + \square = 10$

$7 + \square = 10$

$9 + \square = 10$

$5 + \square = 10$

$10 + \square = 10$

Didaktische Information
Einführung von Ergänzungsaufgaben mit Hilfe des Rückgriffs auf die Zahlzerlegung und die Partnerzahlen

Sprechen
2 Plättchen sind da. Ich lege 8 Plättchen dazu (und ergänze zur 10). 2 plus 8 gleich 10.

► D 33/34

②

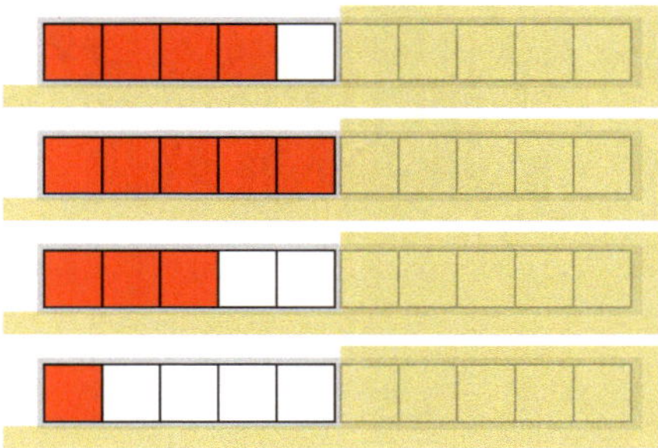

5	
4	
5	
3	
1	

4 + □ = 5
5 + □ = 5
3 + □ = 5
1 + □ = 5

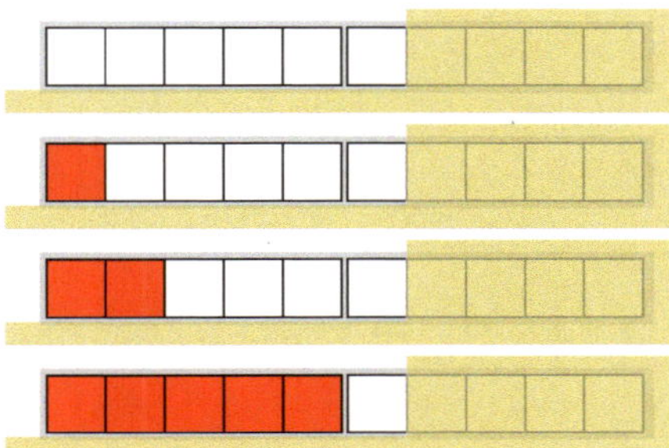

6	
0	
1	
2	
5	

0 + □ = 6
1 + □ = 6
2 + □ = 6
5 + □ = 6

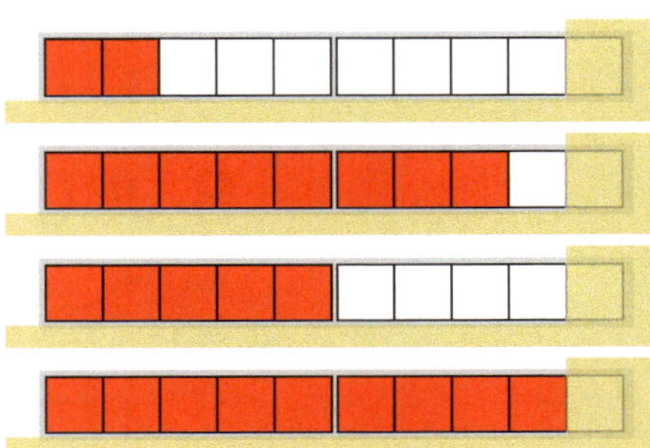

9	
2	
8	
5	
9	

2 + □ = 9
8 + □ = 9
5 + □ = 9
9 + □ = 9

③

3 + □ = 5	6 + □ = 8	7 + □ = 7
1 + □ = 4	5 + □ = 10	0 + □ = 4
7 + □ = 9	2 + □ = 7	5 + □ = 8

▸ D 33/34
▸ KV 45

Sprechen
4 Plättchen sind da. Ich lege 1 Plättchen dazu (und ergänze zur 5). 4 plus 1 gleich 5.

Didaktische Information
D Kinder, die noch unsicher sind, mit Plättchen im Zwanzigerfeld legen lassen (Kartonbeilage)

Das kann ich schon

1 S. 60/61

□ + □ = □

2 S. 64/65

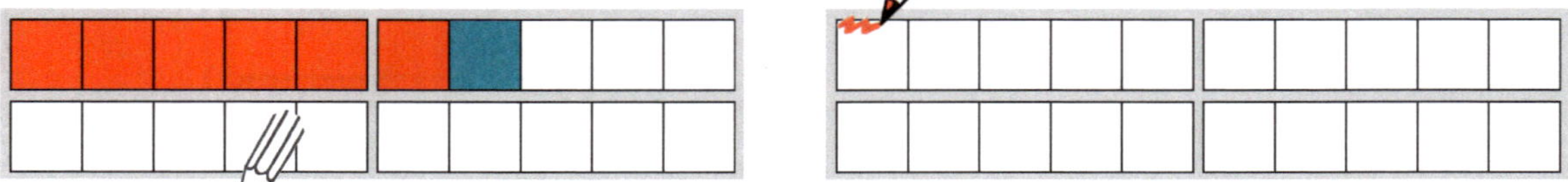

□ + □ = □

3 + 2 = □

3 S. 66/67

7 + 3 = □	8 + 1 = □	2 + 2 = □
7 + 2 = □	7 + 1 = □	2 + 3 = □
7 + 1 = □	6 + 1 = □	2 + 4 = □
7 + 0 = □	5 + 1 = □	2 + 5 = □

4 S. 68/69

2 + 4 = □	6 + 3 = □	8 + 0 = □
4 + 2 = □	□ + □ = □	□ + □ = □

5 S. 70/71

2 + □ = 6	2 + □ = 10	5 + □ = 8
1 + □ = 3	1 + □ = 5	3 + □ = 3
4 + □ = 7	4 + □ = 6	6 + □ = 9

Didaktische Information
Aufgaben zur Selbstüberprüfung und Selbsteinschätzung, zunächst noch stark durch die Lehrkraft gesteuert – später zunehmend als Selbstkontrolle/Selbsteinschätzung

1.
$1 + 2 + 2 = \square$ | $2 + 4 + 3 = \square$
$3 + 1 + 5 = \square$ | $5 + 1 + 1 = \square$
$6 + 2 + 2 = \square$ | $4 + 1 + 4 = \square$

2.
4
$2 + 2 = \square$
$3 + 1 = \square$
$\square + \square = \square$
$\square + \square = \square$
$\square + \square = \square$

5
$5 + 0 = \square$
$\square + \square = \square$
$\square + \square = \square$
$\square + \square = \square$
$\square + \square = \square$
$\square + \square = \square$

3.

4. <, = oder >?
$1 + 2 \bigcirc 1 + 2$ | $1 + 3 \bigcirc 2 + 3$
$3 + 1 \bigcirc 4 + 0$ | $5 + 2 \bigcirc 1 + 4$
$6 + 2 \bigcirc 6 + 1$ | $6 + 1 \bigcirc 4 + 3$

Didaktische Information
Anregungen zum Ausprobieren, Knobeln, Forschen und Entdecken mit Anforderungen, die über die der vorherigen Seiten hinausgehen;

D Leistungsstarke Kinder können Aufgaben (über 10) erfinden und in ein Lerntagebuch schreiben

Figuren legen

das Quadrat
das Rechteck
das Dreieck
die Ecke
die Faltlinie

①

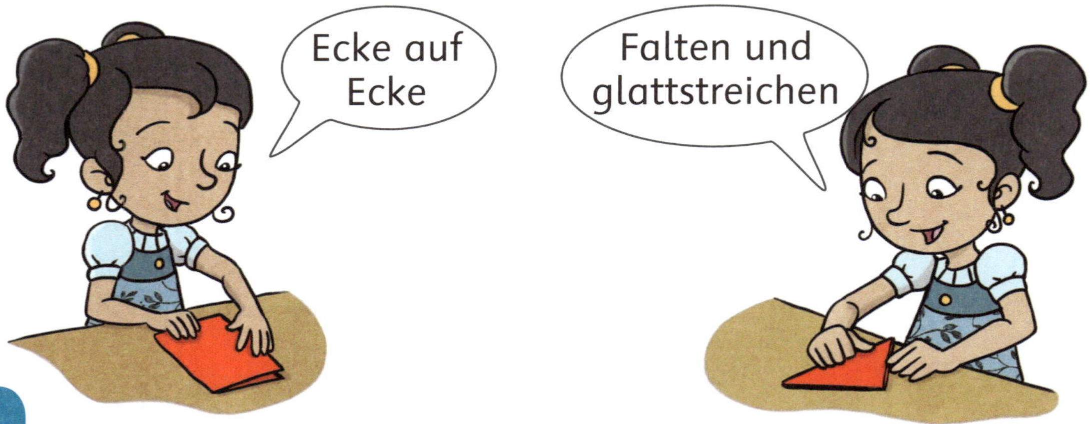

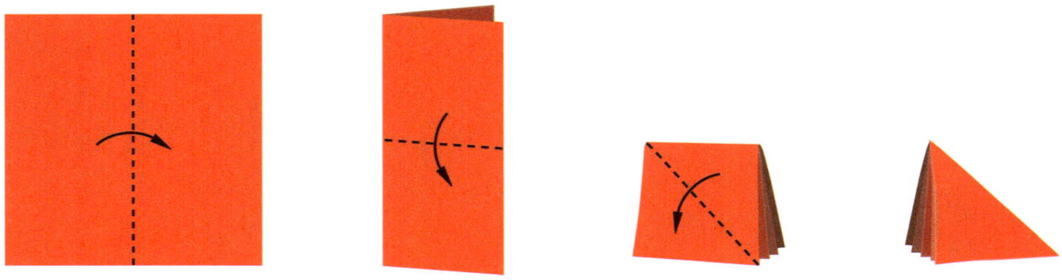

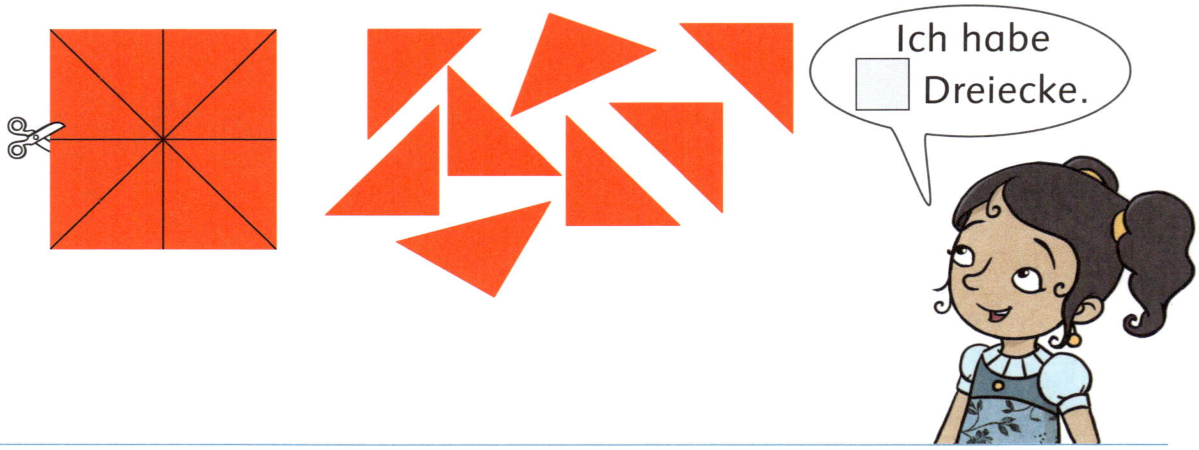

②

Didaktische Information
Handlungssequenz (falten) sprachlich begleiten, um fachsprachliche Formulierung aufzubauen; geeignet ist quadratisches Faltpapier in der Größe 15 x 15 cm

Sprechen
Ich falte Ecke auf Ecke. Ich habe jetzt ein Rechteck/ Quadrat/Dreieck. Ich schneide auf der Faltlinie.
! Verbtrennung nur in der sprachlichen Differenzierung verwenden: falten und glattstreichen

▸D 35/36
▸KV 46

③

④

⑤

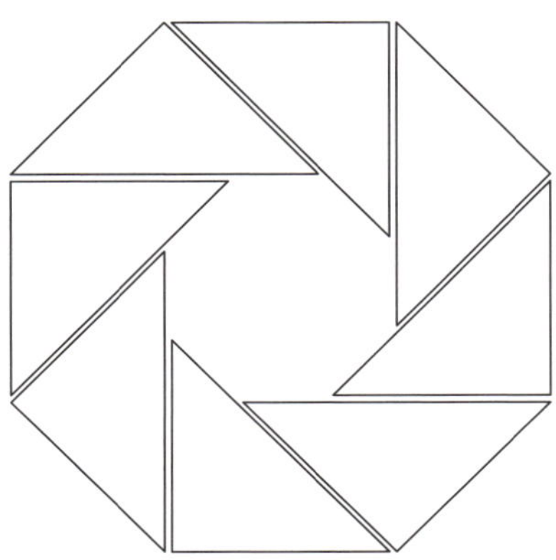

▸ D 35/36
▸ KV 47/48

Didaktische Information
Zum Nachlegen kleine Dreiecke nach Anleitung von S. 74 herstellen D kopfgeometrische Übungen; Eigene Figuren erfinden und auf ein Plakat kleben/ in ein Lerntagebuch eintragen

Figuren auslegen

Didaktische Information
Große Figuren mit geometrischen Formen aus Kartonbeilage auslegen, kleine Figuren nachlegen;
D Hilfen zum Auslegen geben

Sprechen
Ich lege Leo. Ich nehme ein Quadrat und sieben Dreiecke. Ich lege einen Roboter. Ich nehme …
! ein Quadrat, zwei Quadrate

▸D 37/38
▸KV 49

▸D 37/38
▸KV 49

Sprechen
Ich lege Emira. Ich nehme ein Quadrat und zehn Dreiecke. Ich lege einen Roboter. Ich nehme …
! ein Quadrat, zwei Quadrate

Didaktische Information
D Eigene Figuren erfinden und auf ein Plakat zeichnen/in ein Lerntagebuch eintragen

Das kann ich schon

1

S. 74/75

Didaktische Information
Aufgaben zur Selbstüberprüfung und Selbsteinschätzung, zunächst noch stark durch die Lehrkraft gesteuert – später zunehmend als Selbstkontrolle/Selbsteinschätzung; Anleitung von S. 74

Forscherseite

1

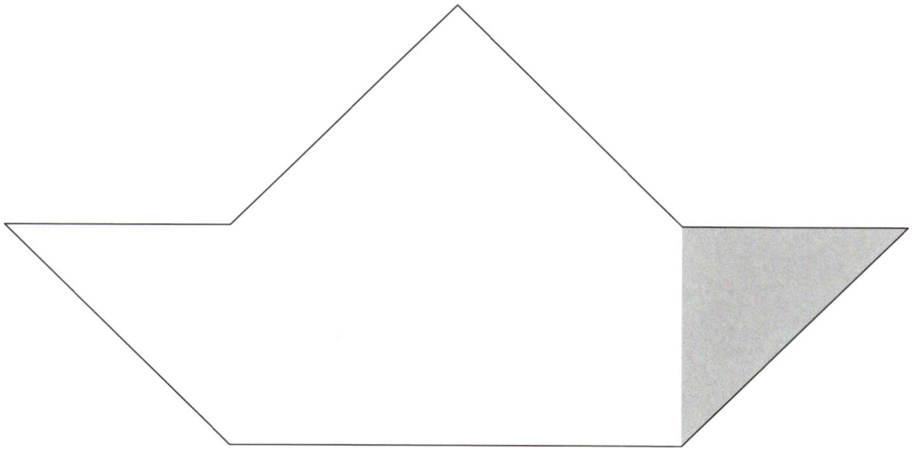

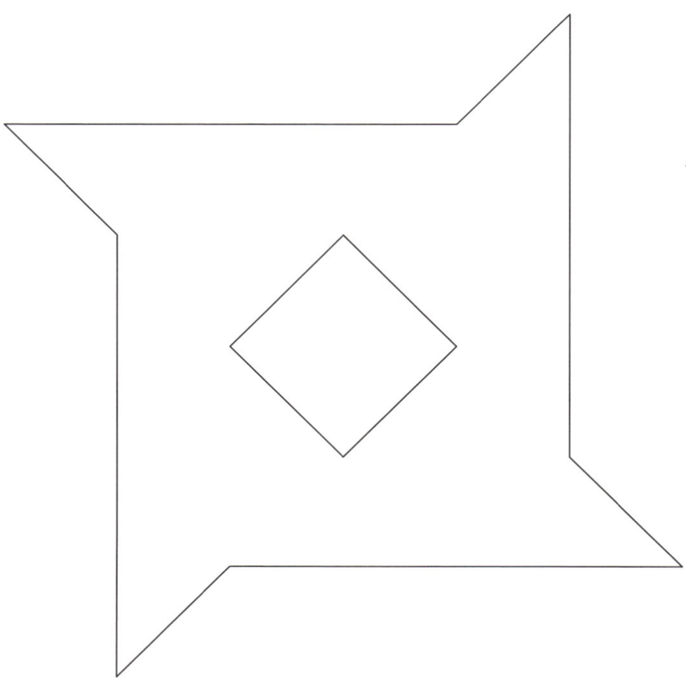

▸ KV 50

Didaktische Information
Anregungen zum Ausprobieren, Knobeln, Forschen und Entdecken mit Anforderungen, die über die der vorherigen Seiten hinausgehen; zum Legen Kartonbeilage – Lösung einzeichnen

D Eigene Figuren erfinden und in ein Lerntagebuch eintragen

Rechengeschichten

5 [–] 3 [=] 2

minus gleich

minus
gleich

①

8 – ☐ = ☐

☐ – ☐ = ☐

☐ – ☐ = ☐

Didaktische Information
Besprechen, was „-" bedeutet, z. B. wegfliegen, aufessen, zerplatzen, verwelken etc.;
D Eigene Rechengeschichten (über 10) erfinden und in ein Lerntagebuch schreiben

Sprechen
5 Autos sind da. 3 Autos fahren weg. 2 Autos bleiben übrig. Erst Alltagssprache zur Erklärung der Subtraktion verwenden, mathematisch korrekte Sprechweise erst ab S. 83 erforderlich

► D 39/40
► KV 51

②

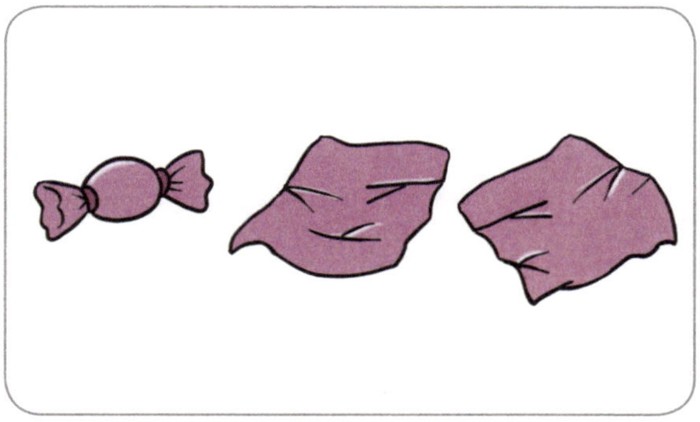

3 – 2 = 1

7 – 3 = □

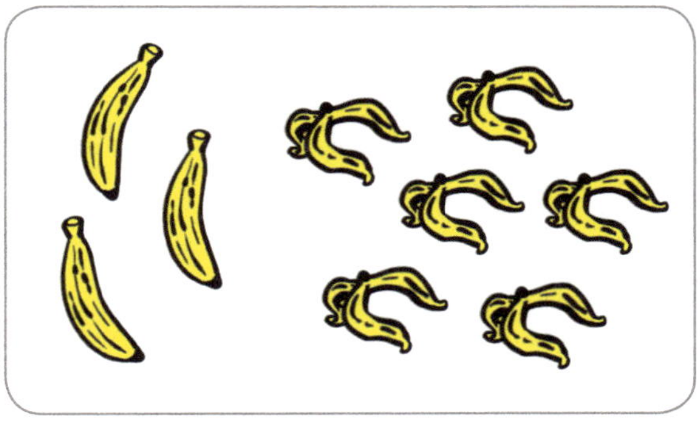

9 – 6 = □

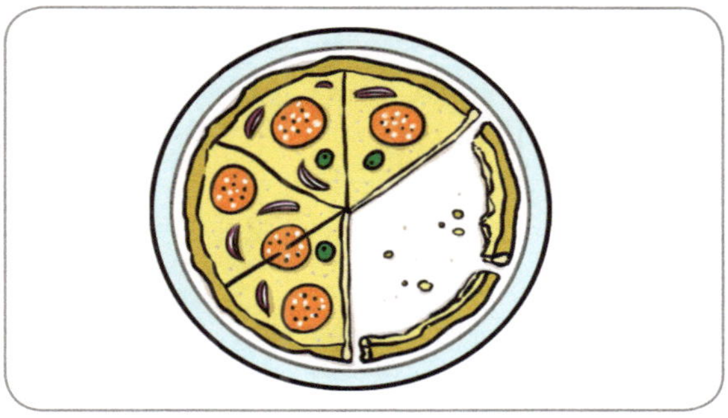

6 – 2 = □

□ – □ = □

□ – □ = □

□ – □ = □

□ – □ = □

▸ D 39/40
▸ KV 51

Sprechen
3 Bonbons waren da. 2 Bonbons sind aufgegessen. 1 Bonbon bleibt übrig. ■ Sprachmuster beschreibt Vergangenheit; ■ Nomen- und Verb/Verbendung ändern sich bei Pluralbildung

Didaktische Information
■ Aufgabe und Ergebnis in einem Bild zusammengefasst;
■ Übertrag der Aufgaben auf Plättchen (Kartonbeilage) oder andere strukturierte Materialien

Minusaufgaben am Zwanzigerfeld

minus
gleich

7 – 4 = 3

minus gleich

①

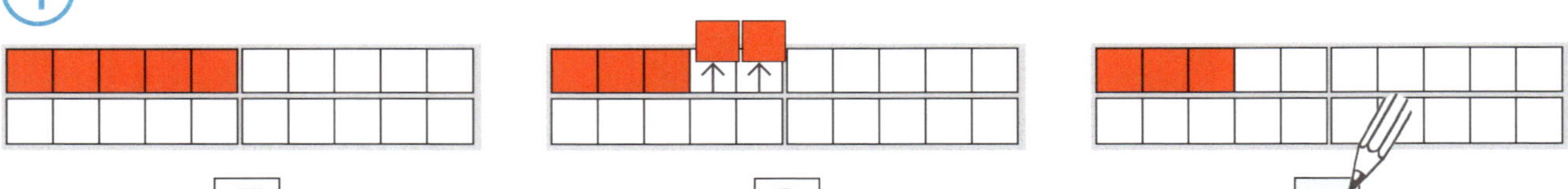

5 – 2 = ☐

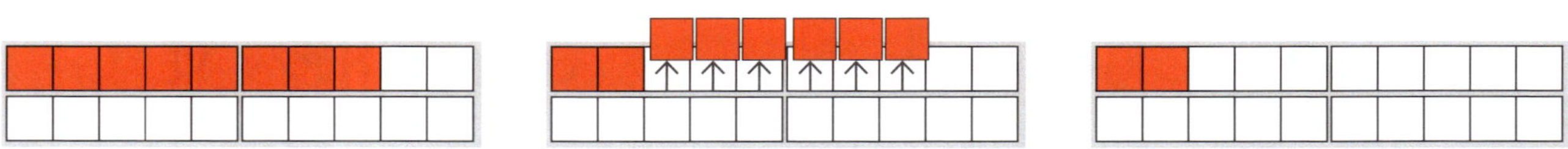

☐ – ☐ = ☐

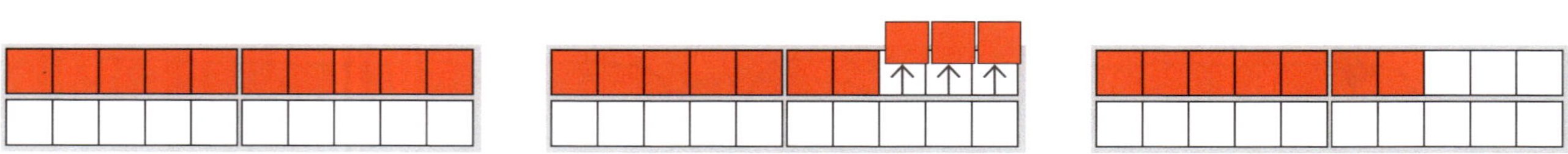

☐ – ☐ = ☐

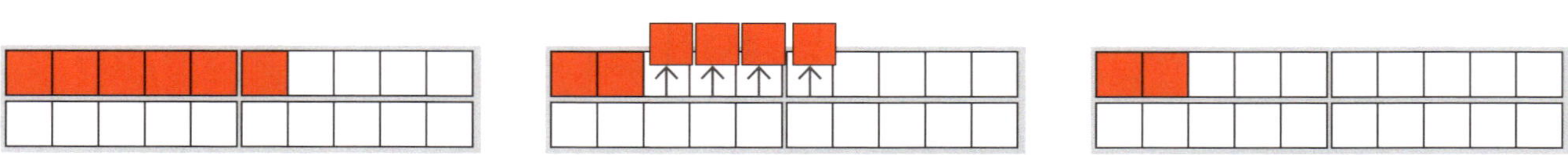

☐ – ☐ = ☐

Didaktische Information
Aufgaben mit Zwanzigerfeld und Plättchen legen lassen, dabei können die Kinder auch auf andere Art ins Zwanzigerfeld legen (Kartonbeilage)

Sprechen
7 Plättchen sind da. Ich nehme 4 Plättchen weg.
3 Plättchen bleiben übrig.

▸D 41/42
▸KV 55

minus
gleich

6 [–] 2 [=] 4

minus gleich

①

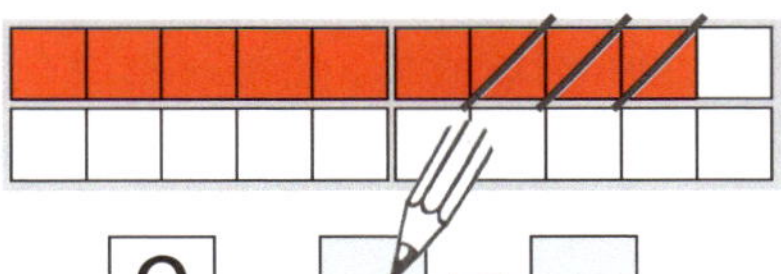

9 – ☐ = ☐

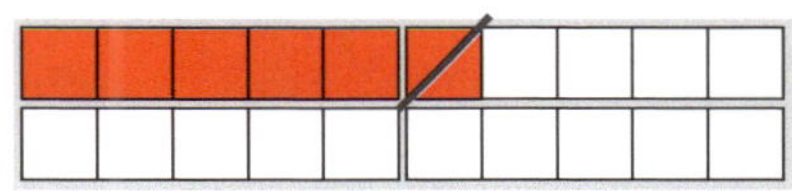

☐ – ☐ = ☐

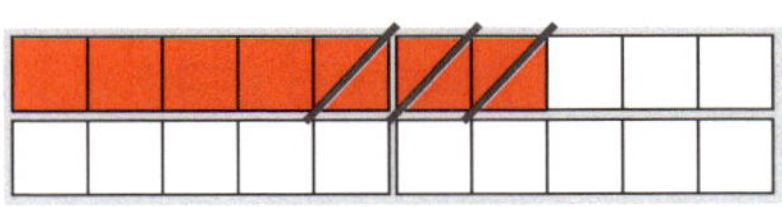

☐ – ☐ = ☐

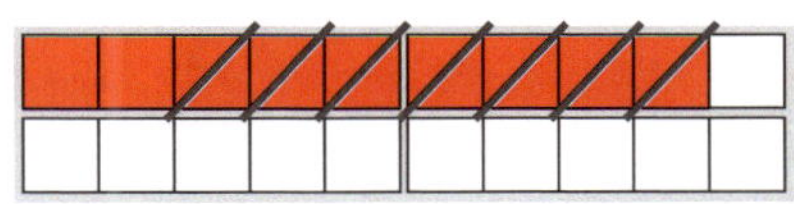

☐ – ☐ = ☐

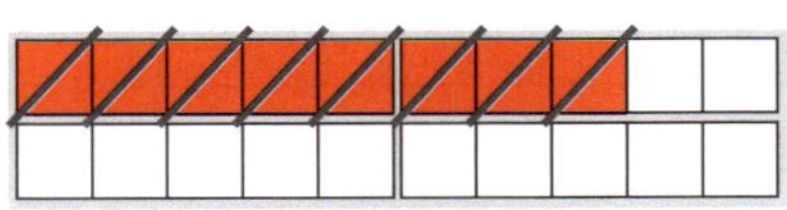

☐ – ☐ = ☐

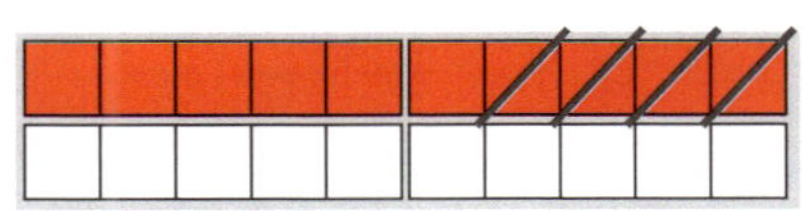

☐ – ☐ = ☐

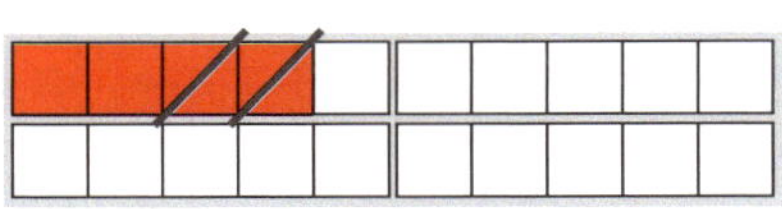

☐ – ☐ = ☐

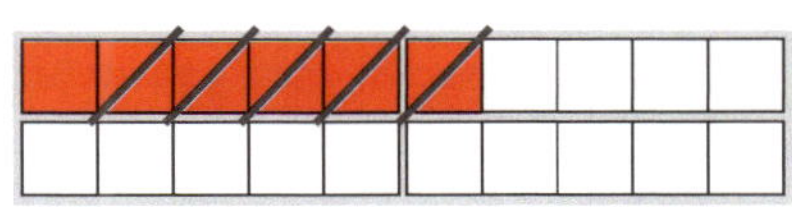

☐ – ☐ = ☐

▸ D 41/42
▸ KV 55

Sprechen
6 minus 2 gleich 4.
Ab jetzt mathematisch korrekte Sprechweise verwenden

Didaktische Information
D Kinder, die noch unsicher sind, mit Plättchen im Zwanzigerfeld legen lassen (Kartonbeilage)

Minusaufgaben am Zwanzigerfeld

minus
gleich

7 – 3 = 4

①

9 – 1 = ☐ 4 – 2 = ☐

8 – 4 = ☐ 10 – 3 = ☐

②

☐ – ☐ = ☐ ☐ – ☐ = ☐

☐ – ☐ = ☐ ☐ – ☐ = ☐

Didaktische Information
Zur simultanen Zahlerfassung besprechen, dass nicht jedes Kästchen einzeln ausgemalt werden sollte; D Kinder, die noch unsicher sind, mit Plättchen im Zwanzigerfeld legen lassen (Kartonbeilage)

Sprechen
7 minus 3 gleich 4.

▸D 41/42
▸KV 52

Entdeckerpäckchen

1

5 – 1 = ☐	8 – 7 = ☐
5 – 2 = ☐	8 – 6 = ☐
5 – 3 = ☐	8 – 5 = ☐
5 – 4 = ☐	8 – 4 = ☐

2

7 – 2 = ☐	4 – 1 = ☐
7 – 3 = ☐	5 – 1 = ☐
7 – ☐ = ☐	☐ – 1 = ☐
7 – ☐ = ☐	☐ – 1 = ☐
☐ – ☐ = ☐	☐ – ☐ = ☐
☐ – ☐ = ☐	☐ – ☐ = ☐
☐ – ☐ = ☐	☐ – ☐ = ☐
☐ – ☐ = ☐	☐ – ☐ = ☐

3 3 5 4

9 – 5 = 4 | 9 – 4 = ☐ | 6 – 2 = ☐

10 – 7 = ☐ | 5 – 2 = ☐ | 4 – 1 = ☐ | 8 – 5 = ☐

8 – 4 = ☐ | 8 – 3 = ☐ | 4 – 0 = ☐

▸ D 43/44
▸ KV 52

Sprechen
Die 1./2. Zahl/Das Ergebnis bleibt immer gleich.
Die 1./2. Zahl/Das Ergebnis wird immer um … größer/kleiner.
D *Wenn …, dann …*

Didaktische Information
Struktur der Päckchen erkennen;
D Eigene Entdeckerpäckchen (über 10) erfinden und in ein Lerntagebuch schreiben

Minusaufgaben üben

1

3 – 2

6 – 1

5 – 4

4 – 1

8 – 3

6 – 3

9 – 6

10 – 9

5 – 0

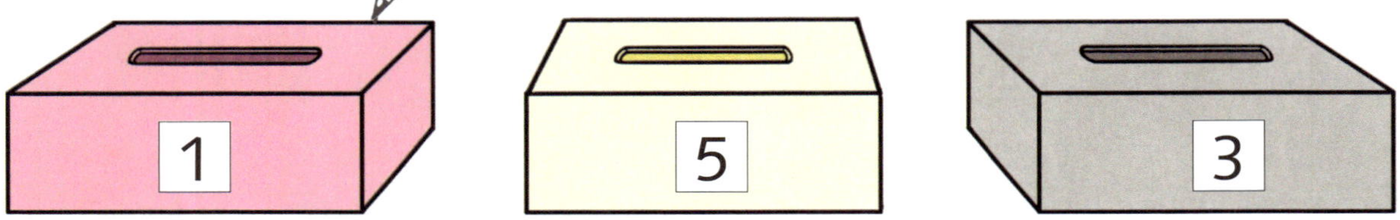

2

10 – 0

8 – 6

2

1

5

4

9 – 4

10

3

5 – 4

6 – 2

7 – 4

3

□ = 7 – 2

□ = 9 – 3

□ = 1 – 0

□ = 10 – 6

6 – 2 = □

□ = 8 – 7

9 – 5 = □

□ = 6 – 3

Didaktische Information
D Kinder, die noch unsicher sind, mit Plättchen im Zwanzigerfeld legen lassen (Kartonbeilage)

Sprechen
3 minus 2 gleich 1.

▸ D 43/44
▸ KV 52

Umkehraufgaben

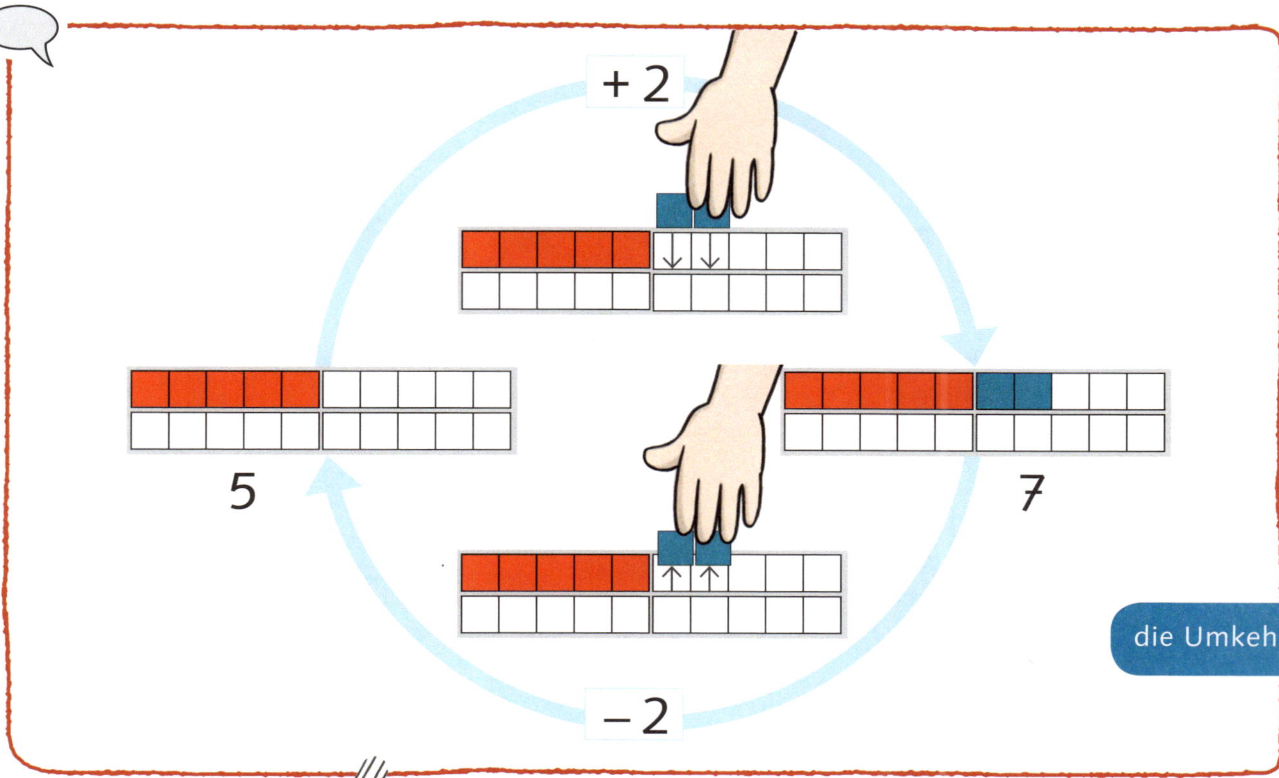

die Umkehraufgabe

1

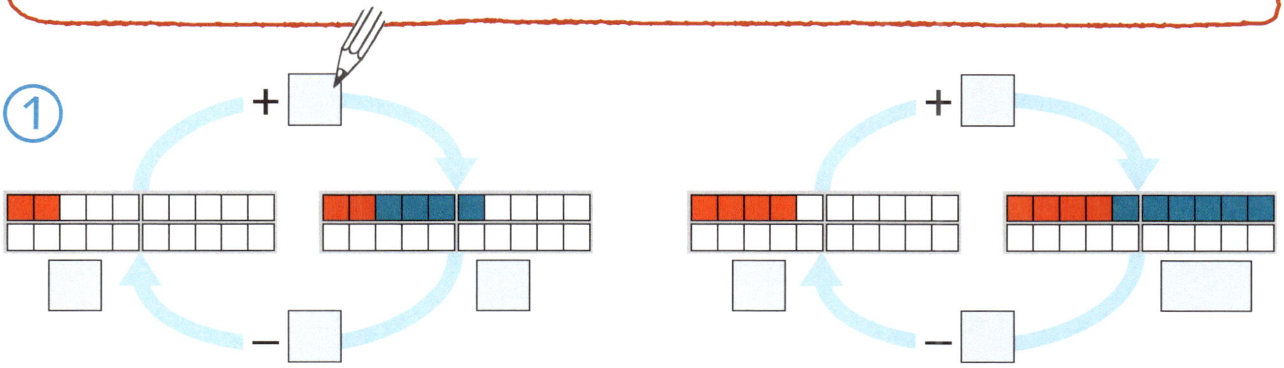

2

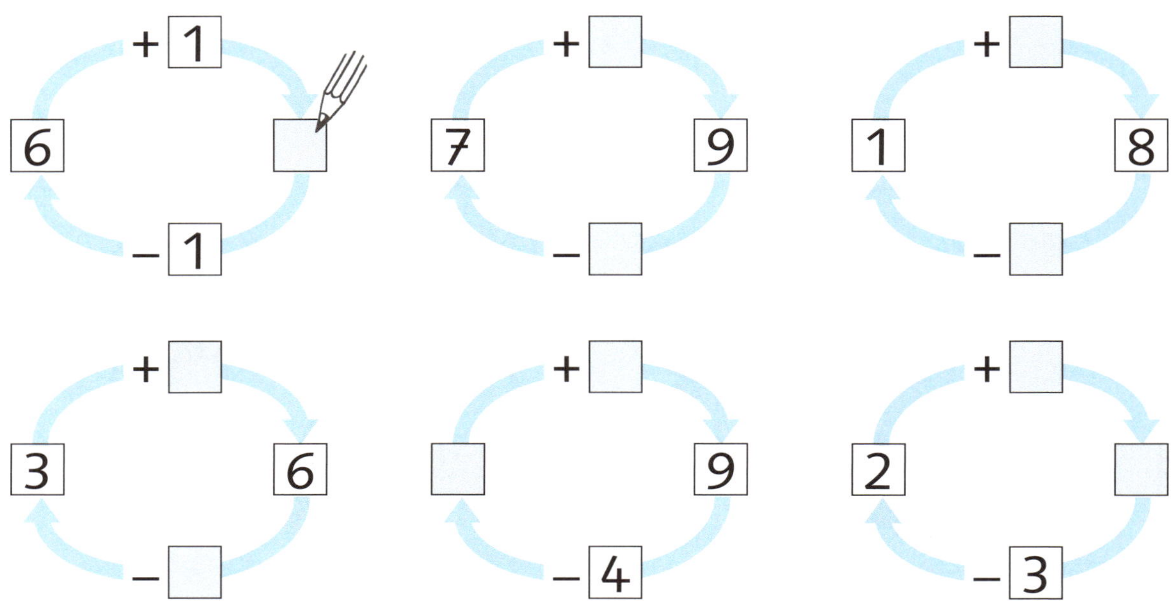

Sprechen
Ich habe 5 Plättchen. Wenn ich 2 Plättchen dazulege, dann habe ich 7 Plättchen. Wenn ich die 2 Plättchen wieder wegnehme, dann habe ich wieder 5 Plättchen.

Didaktische Information
Einführung der Umkehraufgaben mit Hilfe des Zwanzigerfeldes

Umkehraufgaben

$6 + 3 = 9$

$9 - 3 = 6$

die Umkehraufgabe

①

$4 + 1 = \square$

$\square - 1 = \square$

$8 + 2 = \square$

$\square - 2 = \square$

$3 + 5 = \square$

$\square - 5 = \square$

$2 + 3 = \square$

$\square - 3 = \square$

②

$2 + 6 = \square$

$\square - \square = \square$

$5 + 2 = \square$

$\square - \square = \square$

$7 + 3 = \square$

$\square - \square = \square$

$2 + 3 = \square$

$\square - \square = \square$

Didaktische Information
Beim Aufschreiben gleiche Zahlen gleich anmalen lassen; D Kinder, die noch unsicher sind, mit Plättchen im Zwanzigerfeld legen lassen (Kartonbeilage); D Partnerkurs mit Zahlen über 10

Sprechen
9 minus 3 gleich 6 ist die Umkehraufgabe zu 6 plus 3 gleich 9. ! Die Aufgabe kehrt sich um, d. h., die 9 wandert von hinten nach vorne und das Rechenzeichen kehrt sich um

► D 45/46

die Tauschaufgabe
die Umkehraufgabe

①

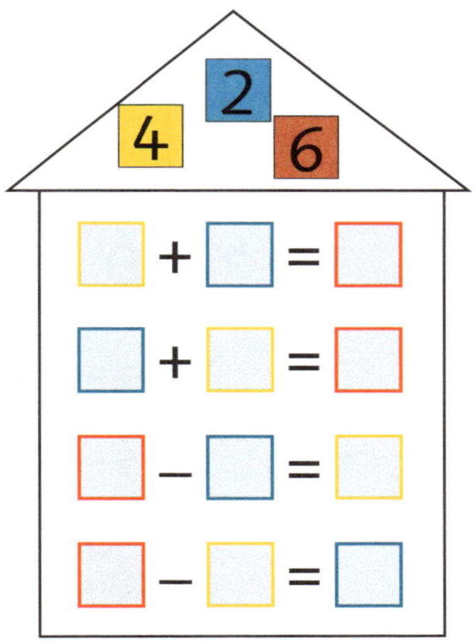

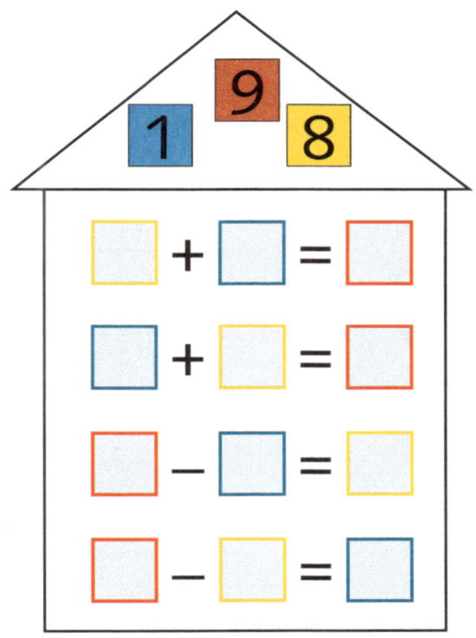

②

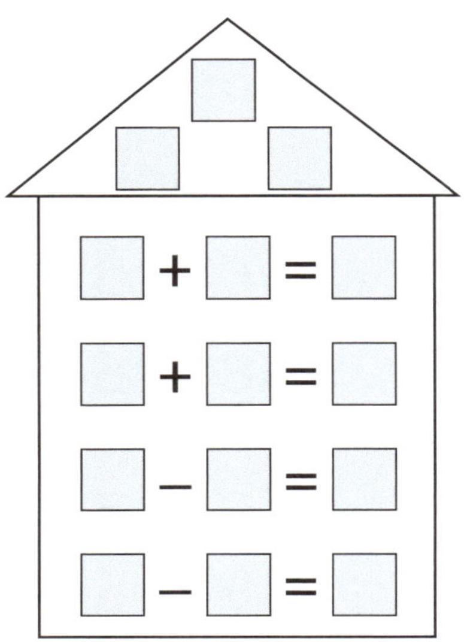

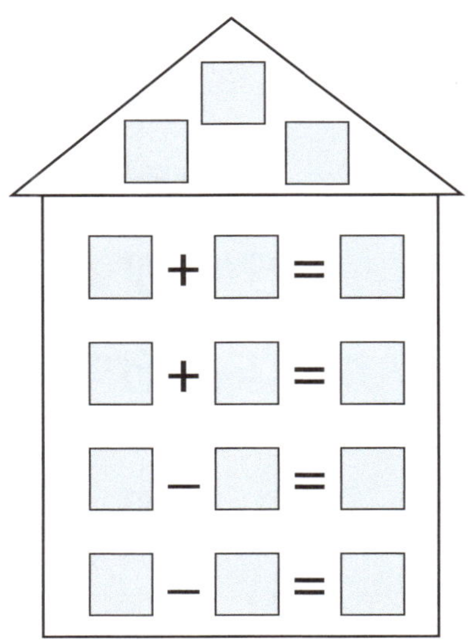

▸D 47/48
▸KV 53

Sprechen
3 plus 7 gleich 10 ist die Tauschaufgabe zu 7 plus 3 gleich 10.
10 minus 7 gleich 3 ist die Umkehraufgabe zu 3 plus 7 gleich 10.

Didaktische Information
Beim Aufschreiben gleiche Zahlen gleich anmalen lassen. D Kinder erfinden Aufgabenfamilien (über 10) und schreiben sie in ein Lerntagebuch

Plus- und Minusaufgaben üben

1

2 + 6 = ☐	9 – 8 = ☐
4 + 4 = ☐	3 – 2 = ☐
1 + 6 = ☐	10 – 8 = ☐
3 + 4 = ☐	4 – 2 = ☐
8 – 4 = ☐	☐ = 2 + 1
3 + 1 = ☐	☐ = 9 – 5
6 – 2 = ☐	☐ = 3 + 2
4 + 0 = ☐	☐ = 10 – 4

2

2 + 2 | 1 + 0 | 9 – 2 | 4 | 6 – 2 | 1 | 4 + 3 | 7 | 2 + 3 | 5 | 10 – 9 | 9 – 4

3

/ oder ✔?

5 – 2 ✔	6 – 8	4 – 3
~~2 – 5~~	8 – 6	3 – 4
1 – 8	9 – 7	5 – 7
8 – 1	7 – 9	7 – 5

Didaktische Information
! Erstmals Plus- und Minusaufgaben zusammen;
D Kinder, die noch unsicher sind, mit Plättchen im Zwanzigerfeld legen lassen (Kartonbeilage)

Sprechen
2 plus 6 gleich 8.
9 minus 8 gleich 1.
2 minus 5 geht nicht.

► D 49/50
► KV 54/55

⊕ oder ⊖?

1

5 ⊖ 2 = 3	9 ◯ 4 = 5	6 ◯ 2 = 8
3 ◯ 2 = 5	9 ◯ 5 = 4	8 ◯ 6 = 2
5 ◯ 3 = 2	4 ◯ 5 = 9	8 ◯ 2 = 6
2 ◯ 3 = 5	5 ◯ 4 = 9	2 ◯ 6 = 8

2

5 ◯ 1 = 4	8 ◯ 2 = 10	7 ◯ 2 = 5
5 ◯ 1 = 6	8 ◯ 2 = 6	7 ◯ 2 = 9
4 ◯ 4 = 8	6 ◯ 3 = 3	3 ◯ 1 = 4
4 ◯ 4 = 0	6 ◯ 3 = 9	3 ◯ 1 = 2

3

5 —(+3)→ 8	6 —(−1)→ ☐
10 —(−2)→ ☐	3 —(+2)→ ☐
4 —(+4)→ ☐	5 —(−0)→ ☐
9 —(−1)→ ☐	1 —(+4)→ ☐

4

7 —(−3)→ 4	1 —(☐)→ 5
2 —(☐)→ 4	10 —(☐)→ 5
9 —(☐)→ 4	0 —(☐)→ 5
4 —(☐)→ 4	9 —(☐)→ 5

▸ D 49/50
▸ KV 54/55

Sprechen
5 minus 2 gleich 3.
3 plus 2 gleich 5.

Didaktische Information
! Bei Plusaufgaben darfst du tauschen, bei Minusaufgaben nicht. D Kinder, die noch unsicher sind, mit Plättchen im Zwanzigerfeld legen lassen (Kartonbeilage)

Das kann ich schon

1

S. 80

☐ – ☐ = ☐

2

S. 83/84

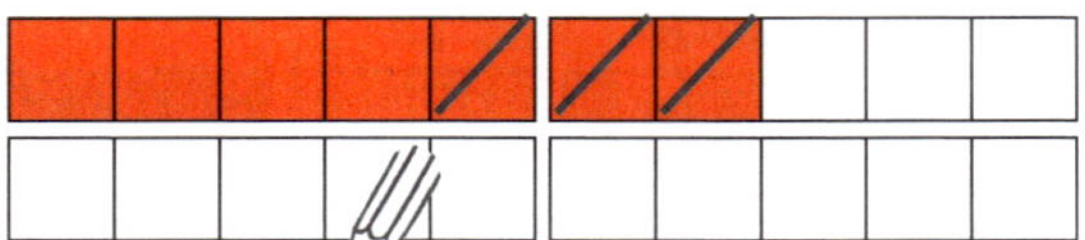

☐ – ☐ = ☐

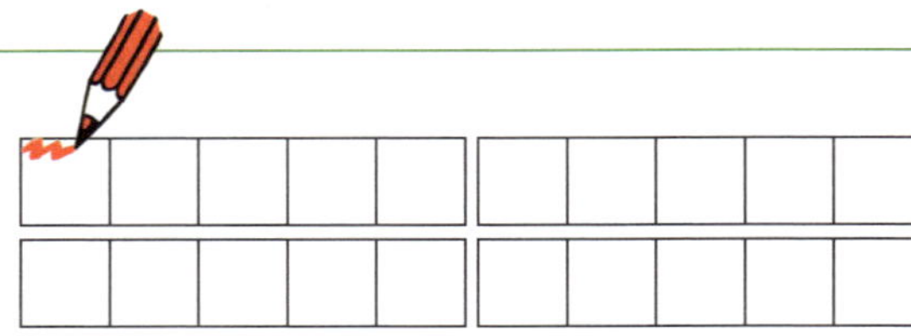

6 – 5 = ☐

3

S. 85

8 – 4 = ☐	10 – 5 = ☐	7 – 0 = ☐
8 – 3 = ☐	9 – 5 = ☐	7 – 1 = ☐
8 – 2 = ☐	8 – 5 = ☐	7 – 2 = ☐
8 – 1 = ☐	7 – 5 = ☐	7 – 3 = ☐

4

S. 89

9 / 2, 7	6 / 1, 5	8 / 3, 5
☐ + ☐ = ☐	☐ + ☐ = ☐	☐ + ☐ = ☐
☐ + ☐ = ☐	☐ + ☐ = ☐	☐ + ☐ = ☐
☐ – ☐ = ☐	☐ – ☐ = ☐	☐ – ☐ = ☐
☐ – ☐ = ☐	☐ – ☐ = ☐	☐ – ☐ = ☐

Didaktische Information
Aufgaben zur Selbstüberprüfung und Selbsteinschätzung, zunächst noch stark durch die Lehrkraft gesteuert – später zunehmend als Selbstkontrolle/Selbsteinschätzung

Forscherseite

1 ⁄ oder ✔?

1 – 1 = 0

8 + 1 = 9

1 + 1 = 2

6 – 5 = 0

5 + 8 = 3

8 + 3 = 10

3 – 1 = 4

3 – 2 = 1

10 – 4 = 5

6 + 4 = 10

7 – 5 = 2

2

10 – 6 = □

□ – □ = □
□ – □ = □
□ – □ = □
□ – □ = □
□ – □ = □

4

9 – 1 = □

□ – □ = □
□ – □ = □
□ – □ = □
□ – □ = □
□ – □ = □

> 7

3

4, 8, □

□ + □ = □
□ + □ = □
□ – □ = □
□ – □ = □

□, 5, 2

□ + □ = □
□ + □ = □
□ – □ = □
□ – □ = □

□, □, 3

□ + □ = □
□ + □ = □
□ – □ = □
□ – □ = □

Didaktische Information
Anregungen zum Ausprobieren, Knobeln, Forschen und Entdecken mit Anforderungen, die über die der vorherigen Seiten hinausgehen;

D Leistungsstarke Kinder können Aufgaben (über 10) erfinden und in ein Lerntagebuch schreiben

Unser Geld

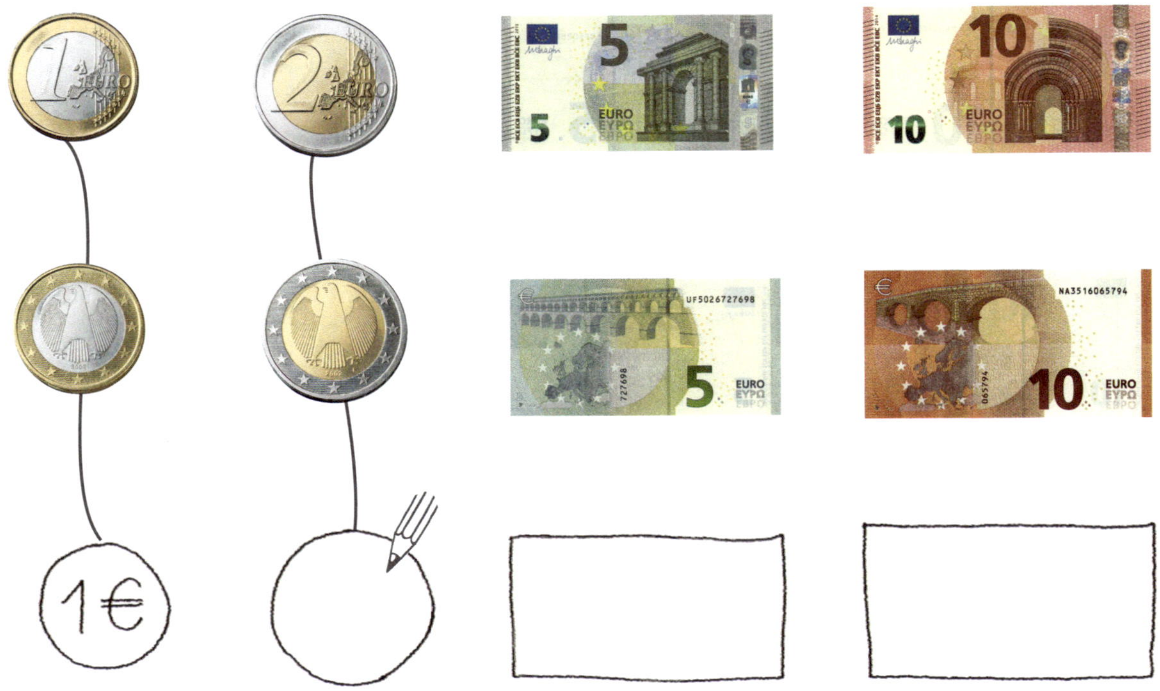

die Münze
der Schein
der Euro

1

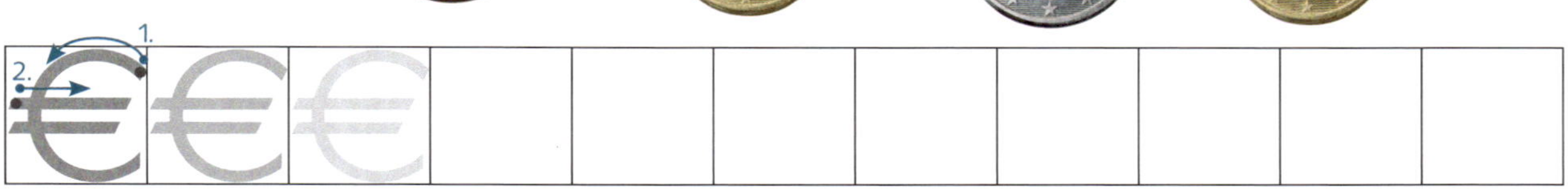

Didaktische Information
Einführung der €-Münzen und -Scheine und deren ikonischer Darstellung; Münzen mitbringen lassen; Medienrecherche zu €-Münzen aus anderen Ländern

Sprechen
Ich sehe …
Einführung der Begriffe Vorder- und Rückseite;
! Singular und Plural von Euro sind gleich.

▸ D 51/52
▸ KV 56

②

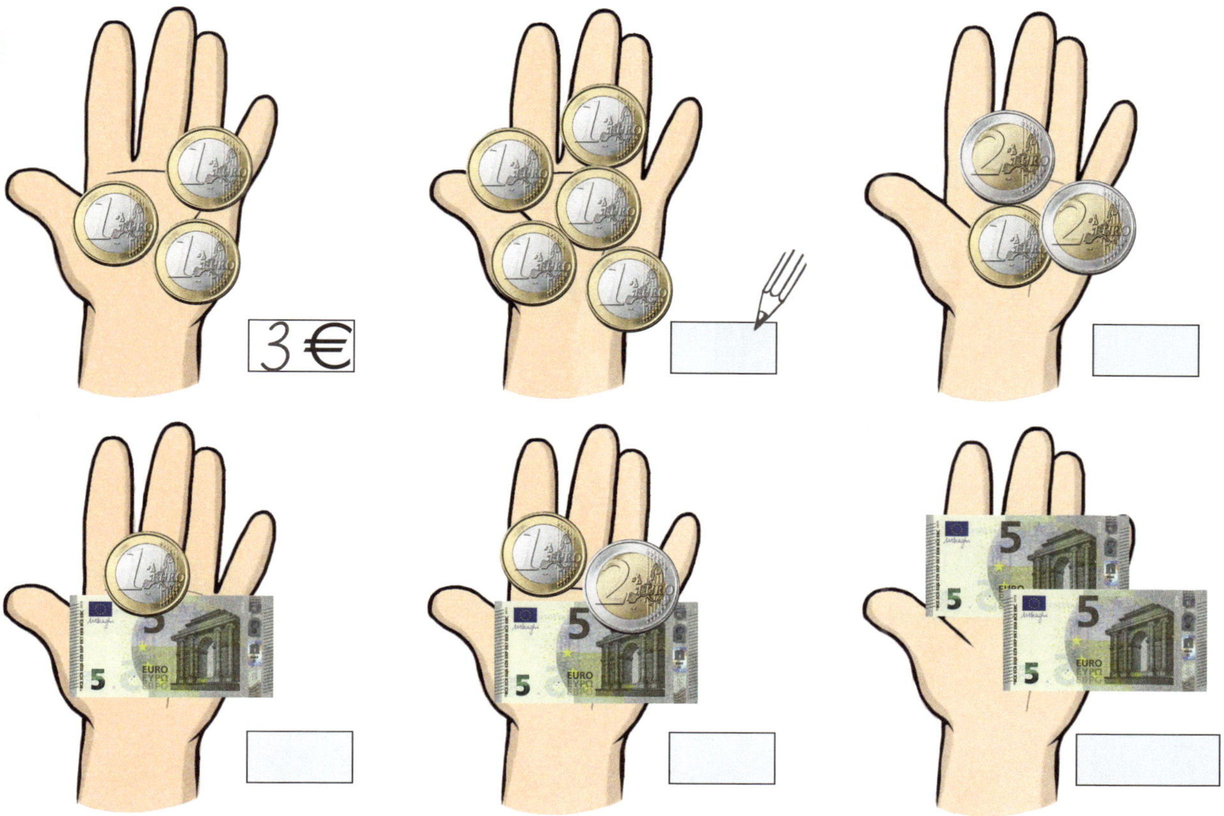

③

3 €   4 €   5 €

6 €   7 €   8 €

9 €   10 €

Sprechen
Ich sehe …
! „Wie viel € siehst du?"; Vermeiden von undifferenziertem „Zähle das Geld."

Didaktische Information
! Anzahl der Münzen entspricht nicht den €-Beträgen; Kinder mit Rechengeld legen lassen (Kartonbeilage)

Einkaufen

1

	3 €	1€ 1€ 1€

Didaktische Information
Handlungssequenz (Einkaufen mit Rechengeld spielen) sprachlich begleiten, um fachsprachliche Formulierung aufzubauen; ! Erstmals zeilenweises Eintragen in eine Tabelle

Sprechen
Ein Auto kostet 3 €. Eine Puppe kostet 8 €.
! Wortklärung mit Genus: Gegenstände mit bestimmtem und unbestimmtem Artikel benennen

▸ D 53/54

②

	4€ + 3€ = 7€	5€ 2€
	☐ + ☐ = ☐	

③

	3€ + 3€ + 3€ = 9€	
	☐ + ☐ + ☐ = ☐	

▸ D 53/54

Sprechen
Eine CD und ein Auto kosten zusammen 7€.
Drei Autos kosten 9€.
❗ Nomen- und Verbendung ändern sich bei Pluralbildung

Didaktische Information
Handlungssequenz (Einkaufen mit Rechengeld spielen) sprachlich begleiten, um fachsprachliche Formulierung aufzubauen; D Aufgaben mit Zahlen über 10 erfinden

Rückgeld berechnen

1

	3 €		5€ 2€

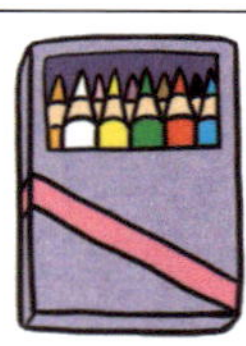			

Didaktische Information
Handlungssequenz (Einkaufen mit Rechengeld spielen) sprachlich begleiten, um fachsprachliche Formulierung aufzubauen

Sprechen
Ich gebe … €. Ich bekomme … € zurück.
! Wortklärung mit Genus: Gegenstände mit bestimmtem und unbestimmtem Artikel benennen

▸ D 55/56
▸ KV 57

Viele Möglichkeiten

1

5 €

5 €

5 €

5 €

2

☐ € ☐ € ☐ €

▸ D 57/58
▸ KV 58

Didaktische Information
Verschiedene Zahlungsmöglichkeiten (Zahlzerlegung); D Anregung von kombinatorischen Überlegungen; D Kinder, die noch unsicher sind, mit Rechengeld legen lassen (Kartonbeilage)

Das kann ich schon

①

S. 95

8 €

②

S. 96/97

 5 €  3 €  1 €

	☐ + ☐ = ☐	
	☐ + ☐ = ☐	
	☐ + ☐ = ☐	

③

S. 98

	☐		
	☐		
	☐		

Didaktische Information
Aufgaben zur Selbstüberprüfung und Selbsteinschätzung, zunächst noch stark durch die Lehrkraft gesteuert – später zunehmend als Selbstkontrolle/Selbsteinschätzung

Forscherseite

1

10 €					
9 €					
8 €					
7 €					
6 €					
5 €					

2

	☐ + ☐ + ☐ = ☐		☐
	☐ + ☐ + ☐ = ☐		☐
	☐ + ☐ + ☐ = ☐		☐
			0 €

Didaktische Information
Anregungen zum Ausprobieren, Knobeln, Forschen und Entdecken mit Anforderungen, die über die der vorherigen Seiten hinausgehen;

D Leistungsstarke Kinder können Aufgaben (über 10) erfinden und in ein Lerntagebuch schreiben

Falten

das Quadrat
das Dreieck
das Rechteck
die Ecke
die Seite
die Faltlinie
oben
falten

①

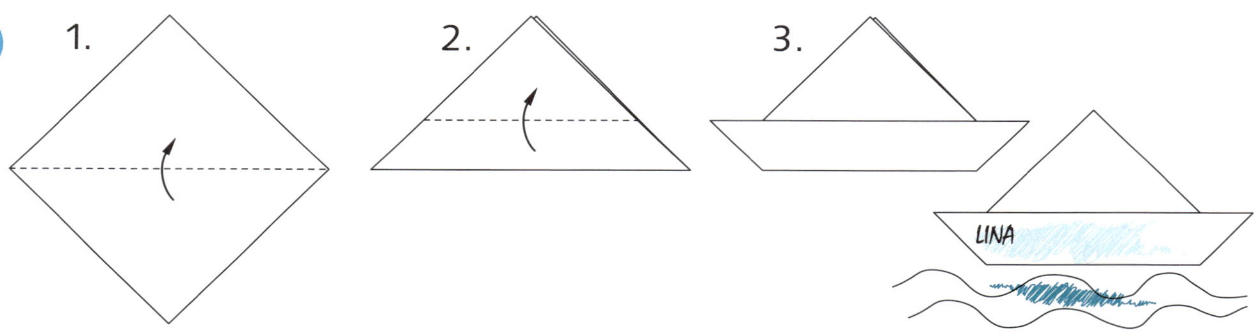

②

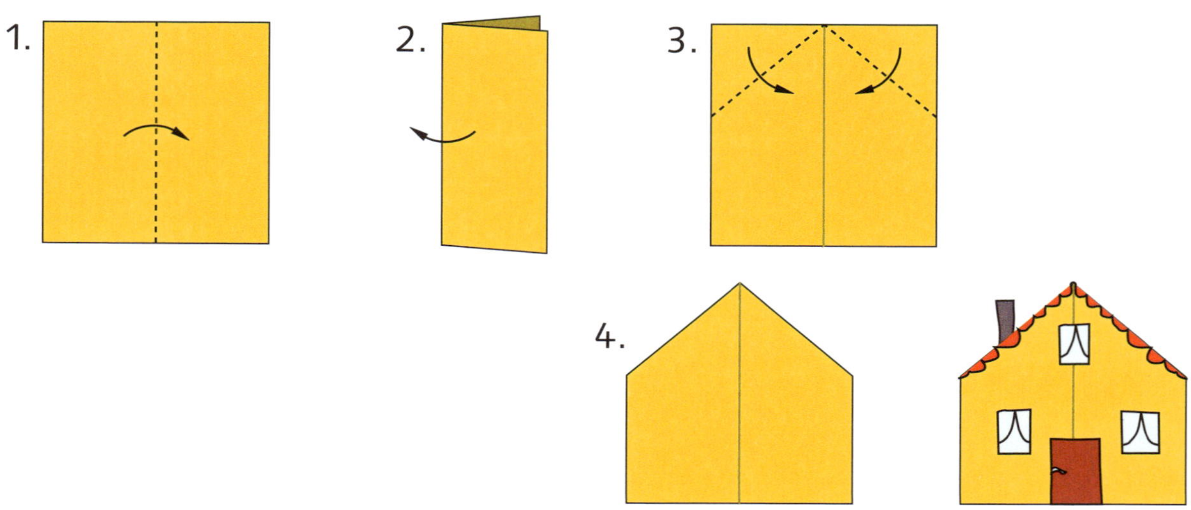

Didaktische Information
Handlungssequenz (falten) sprachlich begleiten, um fachsprachliche Formulierung aufzubauen; Quadratisches Faltpapier (z. B. 15 x 15 cm); D Phasenmodelle zur Veranschaulichung der Faltschritte

Sprechen
Ich falte das Quadrat Ecke auf Ecke. Ich habe jetzt ein Dreieck. Ich falte einen Streifen nach oben. Ich habe jetzt ein Schiff.

▸ D 59/60

③

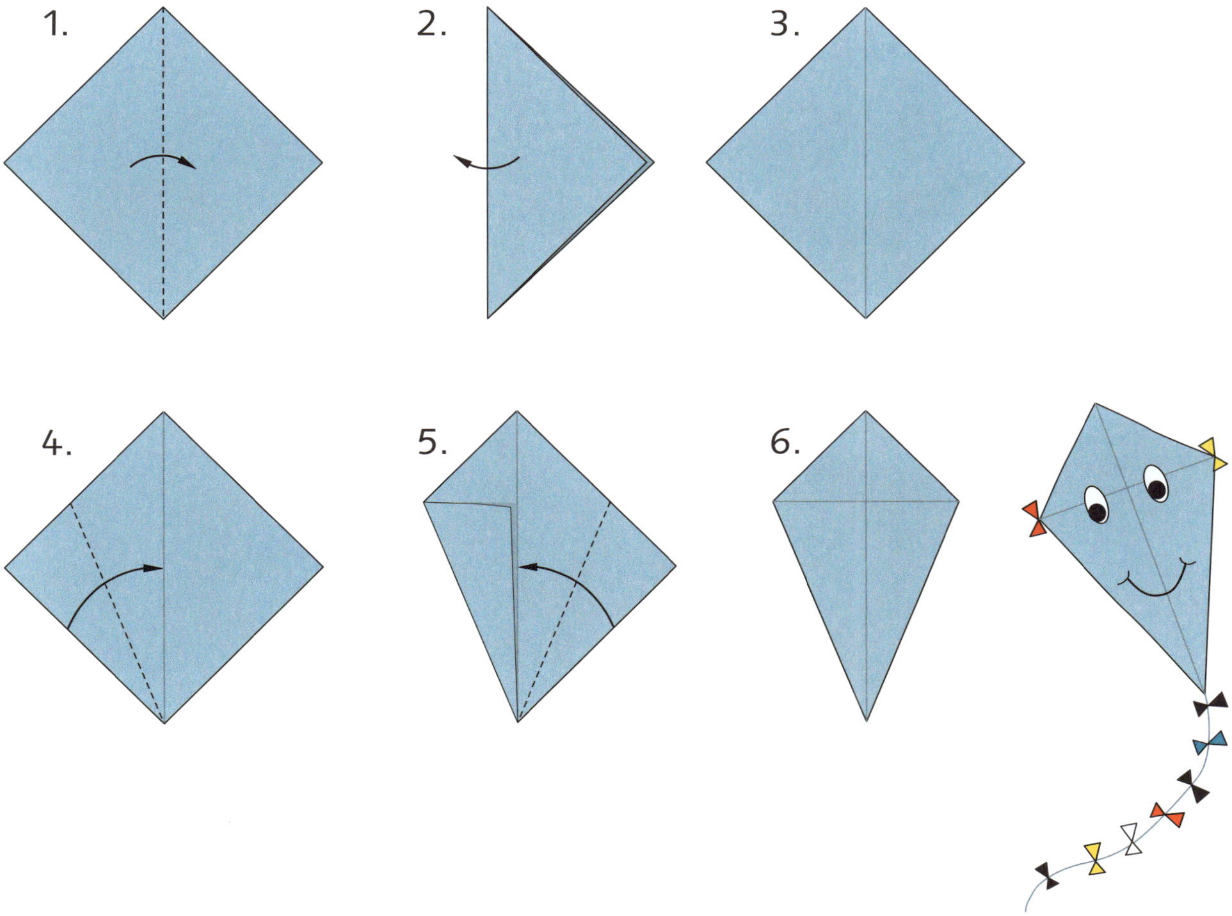

④

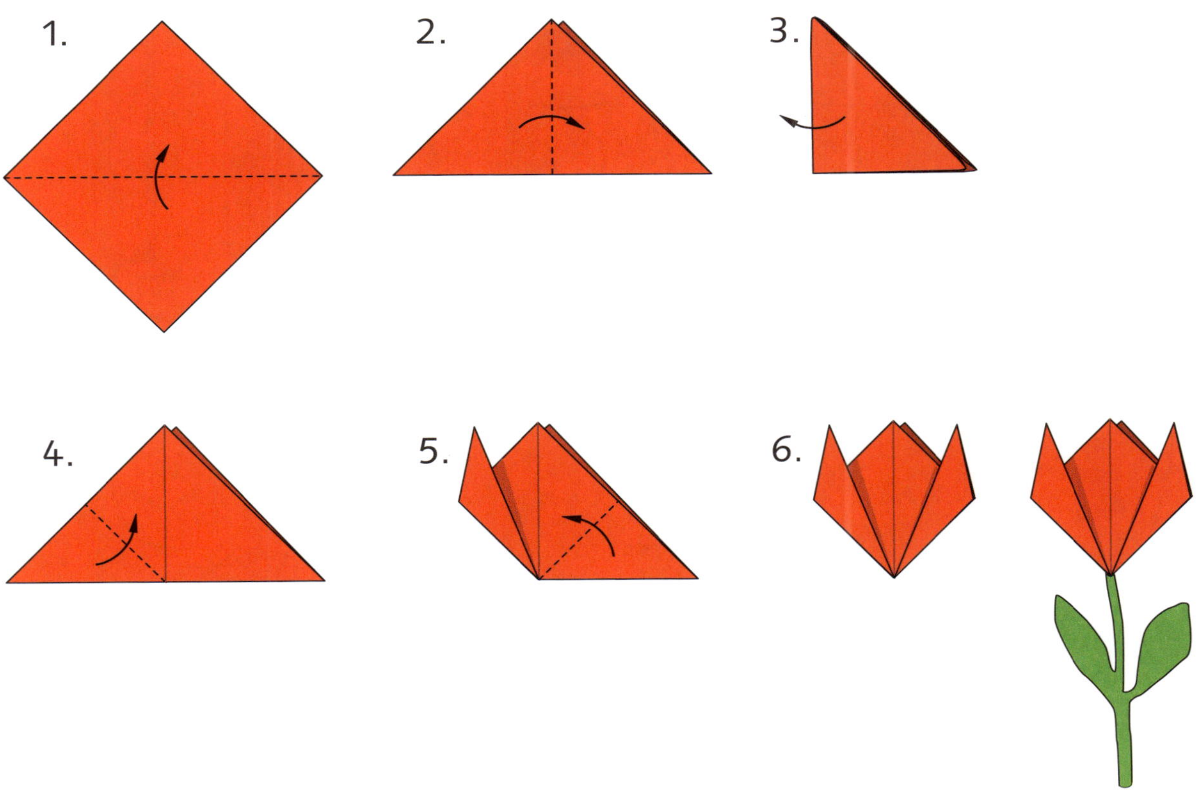

Sprechen
Ich falte das Quadrat Ecke auf Ecke. Ich habe jetzt ein Dreieck. Ich klappe das Dreieck wieder auf. Ich falte von beiden Seiten ein Dreieck zur Mitte. Ich habe jetzt einen Drachen.

Didaktische Information
Mit den selbst gefalteten Gegenständen ein Plakat gestalten (siehe S.102) oder in ein Lerntagebuch kleben

Symmetrie in Klappbildern

(1)

1.

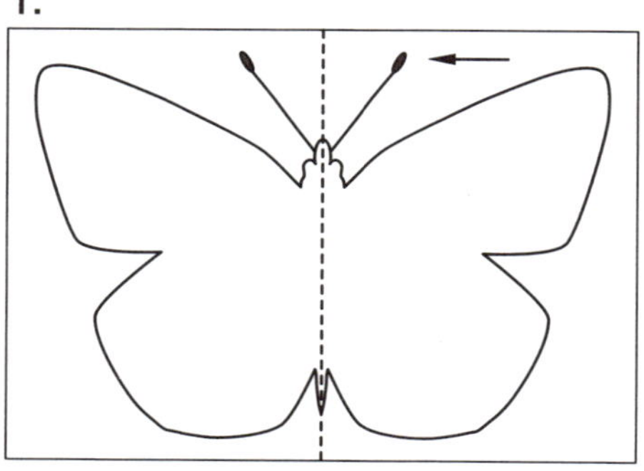

2.

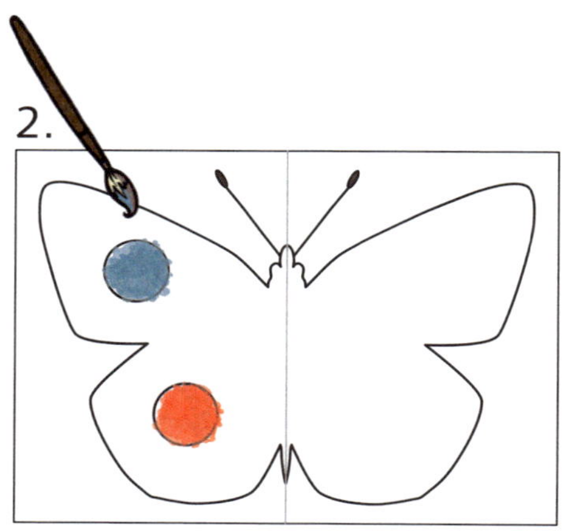

3.

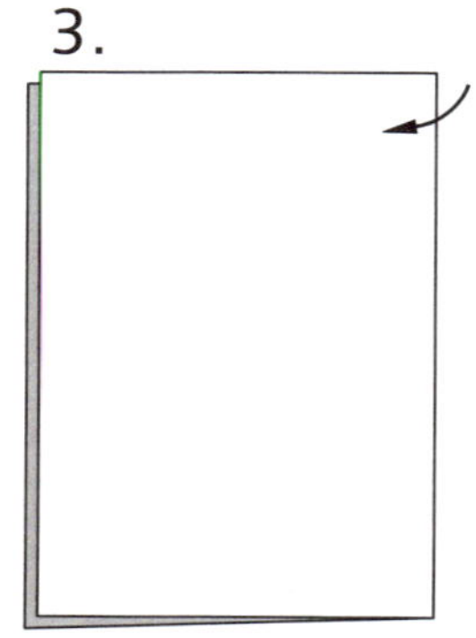

4.

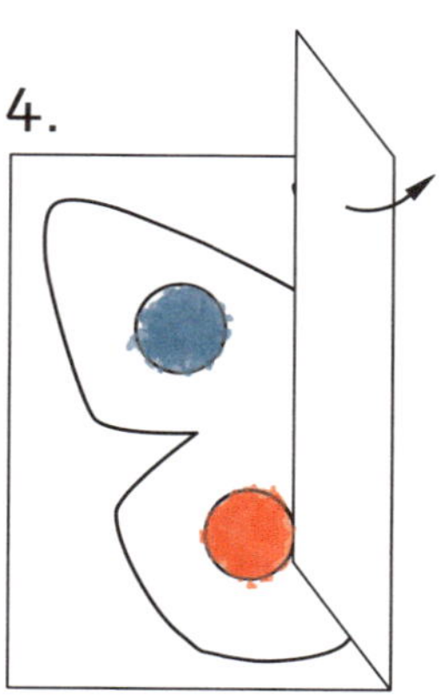

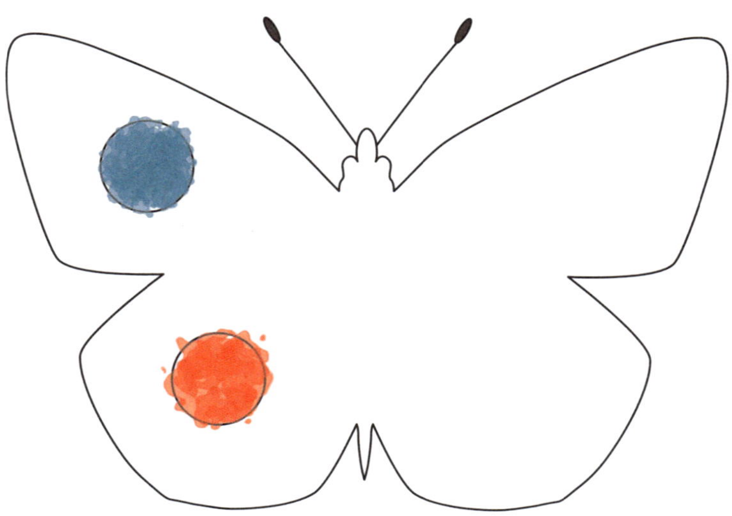

Didaktische Information
Handlungssequenz (vorfalten nach innen, aufklappen und mit Wasserfarben anmalen, zuklappen, öffnen, nachmalen); vor dem Öffnen Vermutungen äußern lassen; Eigene Klappbilder erstellen

Sprechen
Ich falte das Blatt in der Mitte. Ich klappe das Blatt auf und male auf einer Seite. Ich klappe das Blatt zu. Wenn ich das Blatt wieder aufklappe, sehe ich …

▸ D 61/62
▸ KV 59

2

3

▸D 61/62
▸KV 59

Didaktische Information
Symmetrien zeichnerisch herstellen und unsymmetrische Figuren erkennen; D Eigene symmetrische Figuren erfinden und in ein Lerntagebuch eintragen

Symmetrie in Faltschnitten

symmetrisch
die Hälfte
das Ganze

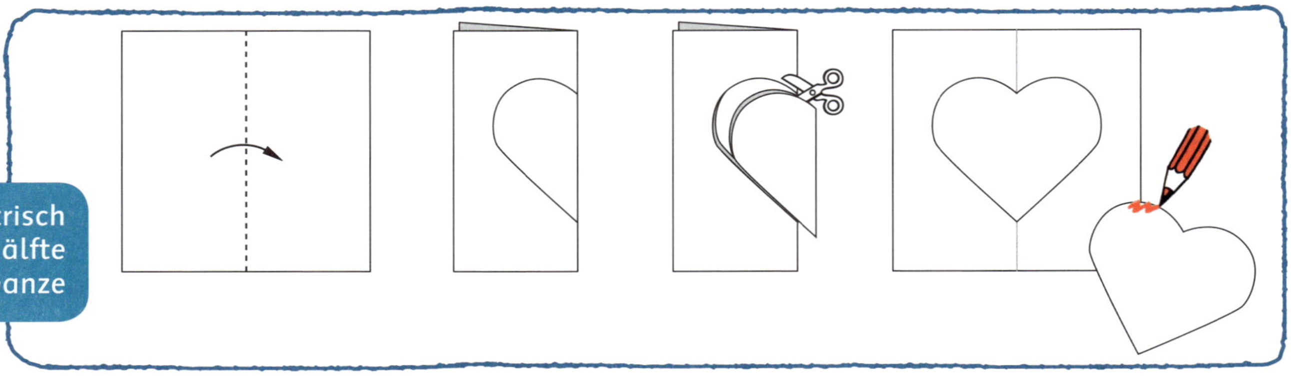

1

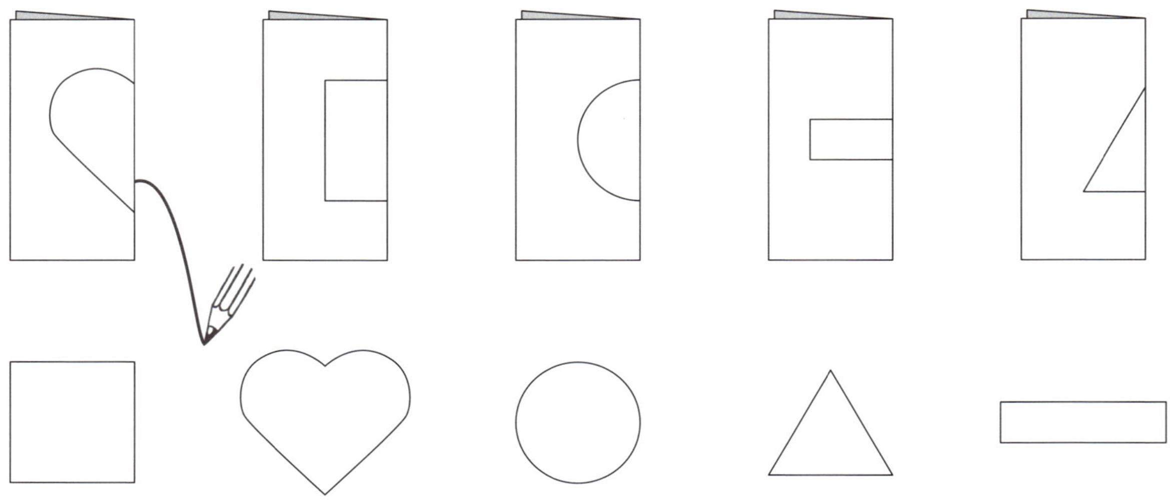

2

Didaktische Information
Zunächst Vermutungen anstellen und dann durch Faltschnitte kontrollieren lassen; quadratisches Faltpapier (z. B. 15 x 15 cm); D Eigene Faltschnitte erfinden und in ein Lerntagebuch eintragen

Sprechen
Ich sehe ein halbes/ganzes Herz.
Ich sehe die Hälfte/das Ganze.
Das Herz ist symmetrisch.

▸ D 63/64
▸ KV 60/61

das Rechteck
das Quadrat
das Dreieck

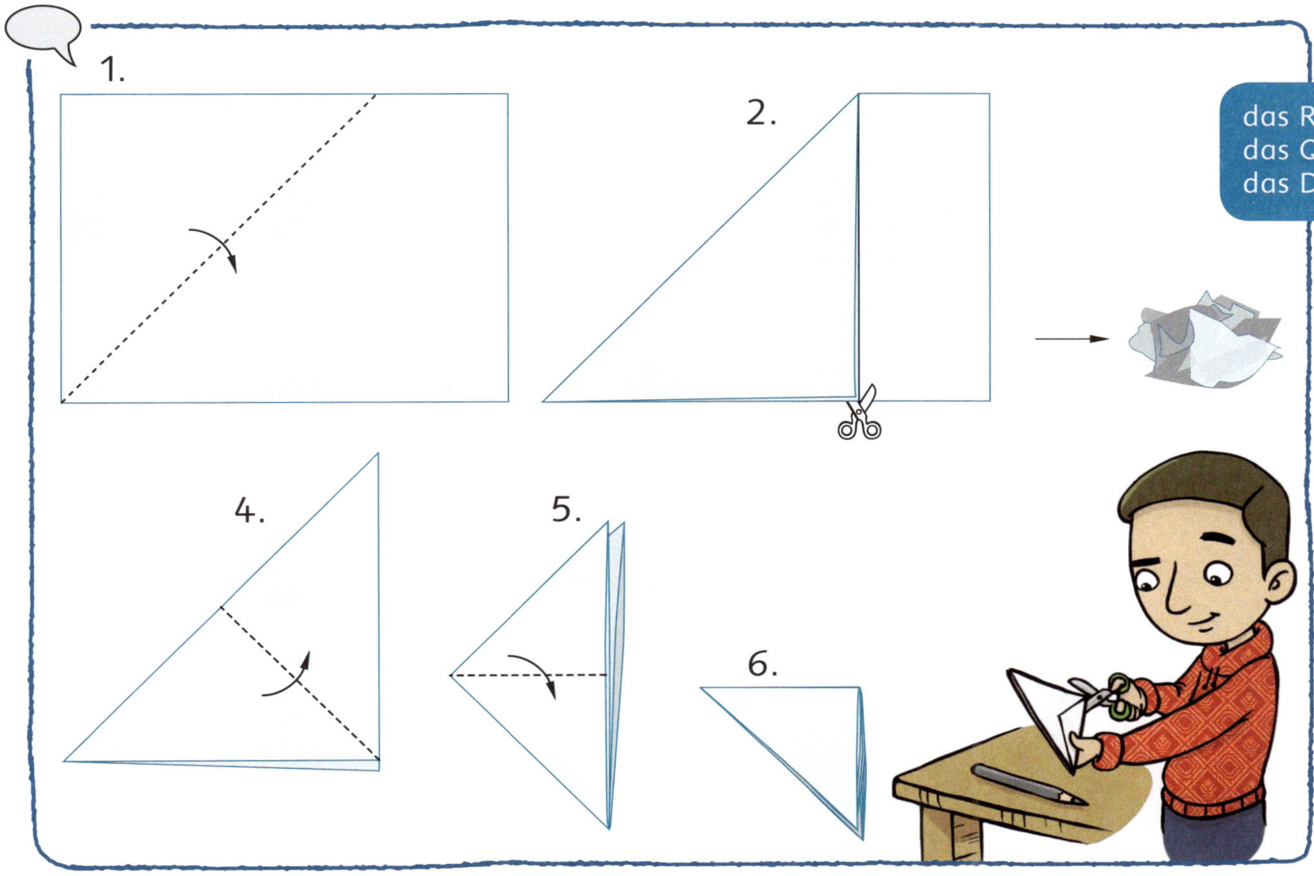

1

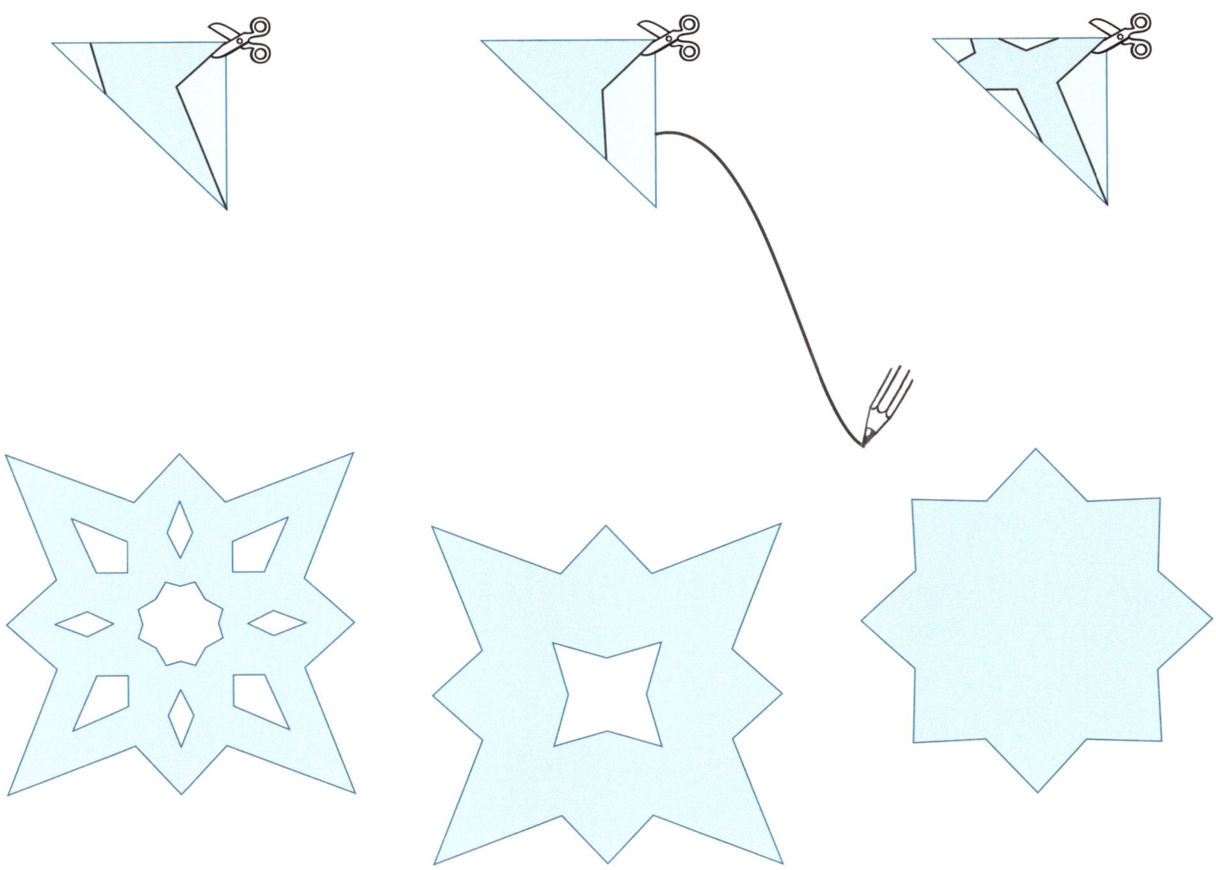

Sprechen
Ich falte die kurze Seite auf die lange Seite. Ich schneide das Rechteck ab. Ich falte das Dreieck zweimal in der Mitte. Ich zeichne Linien und schneide aus. Wenn ich das Blatt aufklappe, sehe ich …

Didaktische Information
Unterschiedliche Sterne selbst herstellen lassen; Material DIN-A4-Blätter; D quadratisches Papier bei feinmotorischen Schwierigkeiten anbieten

Das kann ich schon

1

S. 102

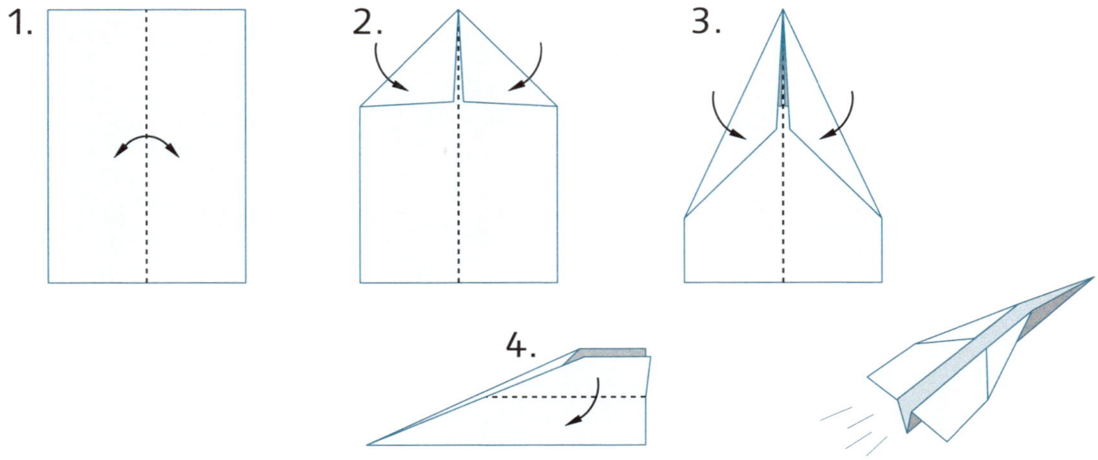

2

S. 105

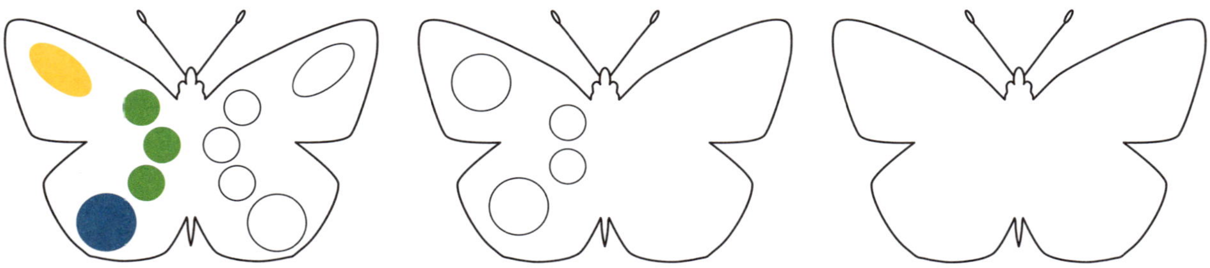

3

S. 106

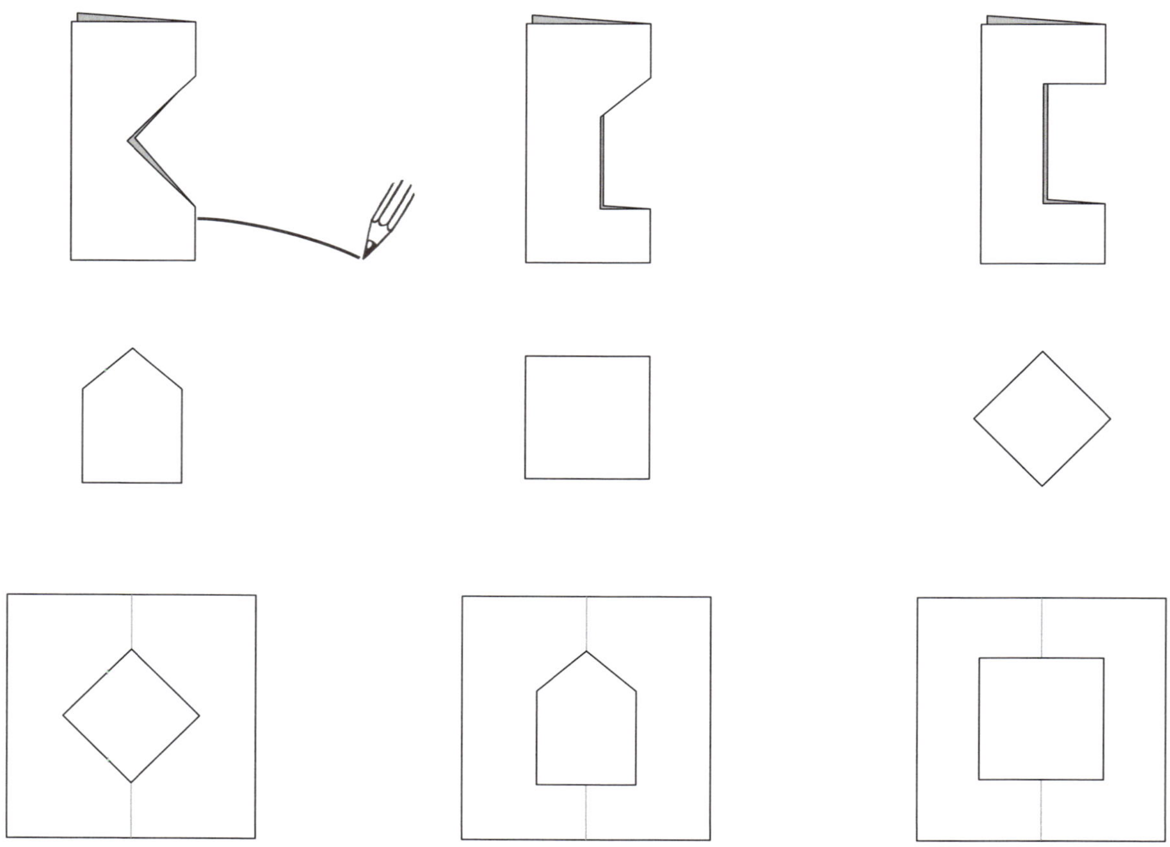

Didaktische Information
Aufgaben zur Selbstüberprüfung und Selbsteinschätzung, zunächst noch stark durch die Lehrkraft gesteuert – später zunehmend als Selbstkontrolle/Selbsteinschätzung; Nr. 1: A4; Nr. 3: 15 x 15 cm

Forscherseite

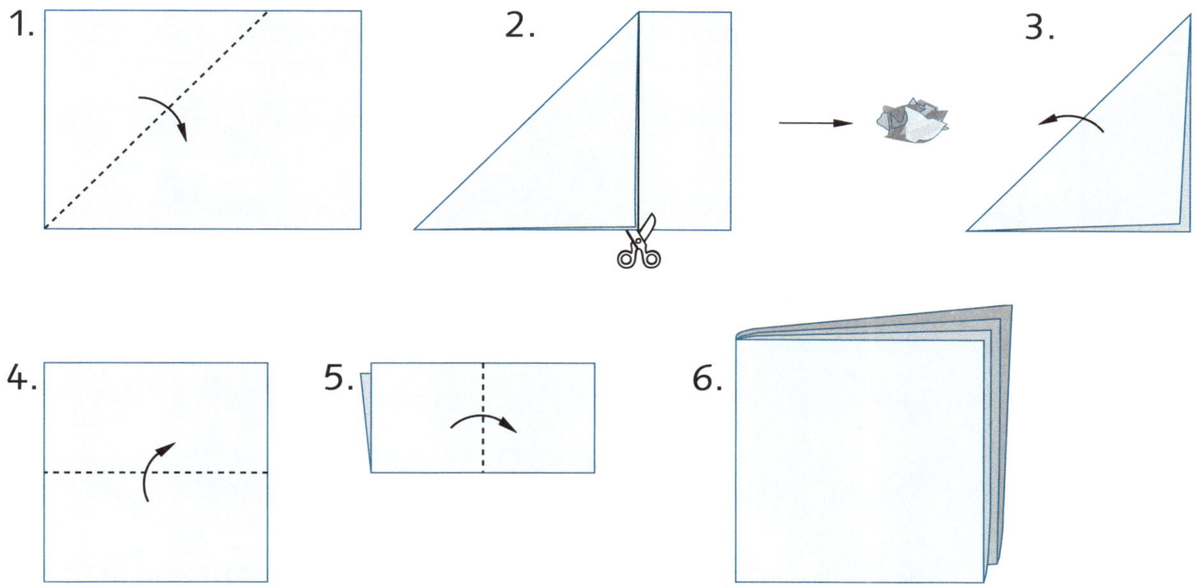

1

Didaktische Information
Anregungen zum Ausprobieren, Knobeln, Forschen und Entdecken mit Anforderungen, die über die der vorherigen Seiten hinausgehen; Material DIN-A4-Blätter;

D Eigene Faltschnitte erfinden und in ein Lerntagebuch eintragen

S. 30

Kleiner, gleich, größer

2 < 5
ist kleiner als

2 = 2
ist gleich

4 > 3
ist größer als

S. 64

Plusaufgaben

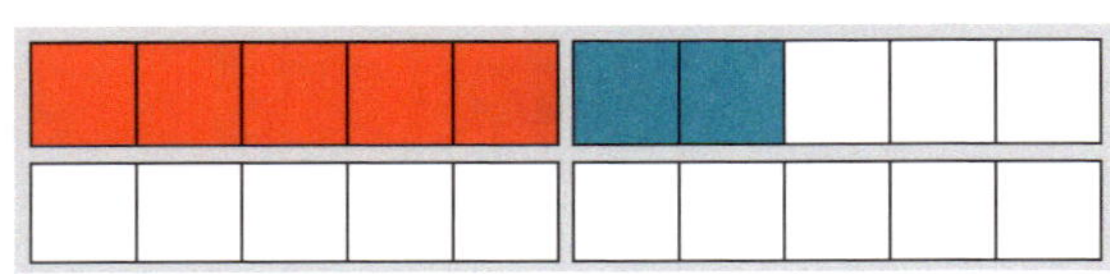

5 + 2 = 7
plus gleich

S. 83

Minusaufgaben

6 – 2 = 4
minus gleich

Tauschaufgaben

S. 68

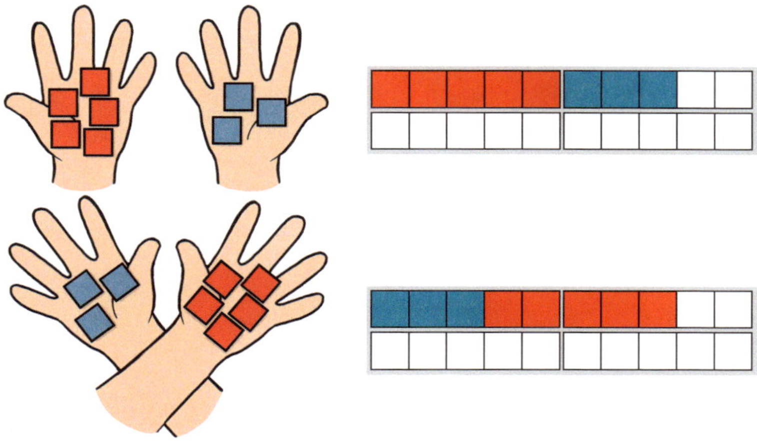

5 + 3 = 8

3 + 5 = 8

Umkehraufgaben

S. 88

6 + 3 = 9

9 – 3 = 6

Formen

S. 38

• das Dreieck • das Quadrat • das Rechteck • der Kreis

Geld

S. 94

Mathematik
1

Teil A

eins zwei drei

Erarbeitet von
Ümmü Demirel, Astrid Deseniss, Claudia Drews, Christina Hohenstein,
Christian Grulich, Anne Schachner, Susanne Ullrich, Christine Winter und
der Cornelsen Redaktion Primarstufe

Beratung
Yurdakul Çakir, Lilo Verboom

Begutachtet von
Barbara Busch, Dietzenbach; Susanne Buschbeck, Hanau; Birgit Dose, Hamburg;
Petra Hoschke-Kampmann, Essen; Denise Kestler, Großkrotzenburg;
Kirsten Leimann, Hanau; Gisela Mathes-Sünder, Kelkheim; Maria Remler, Kaiserslautern;
Susanne Schmidt, Wiesbaden; Eva Skrypnik, Lörrach; Dominic Smeets, Ludwigshafen;
Eva Somrei, Wuppertal; Stefanie Stroth, Wuppertal

Redaktion
Mario Hanschmann-Neubert, Nadine Marx und Antje Stadermann

Illustration
Doris Umschaden, Christine Wächter S. 26–28, 31, 36, 110 (Würfeltürme),
S. 74–79 (geometrische Figuren), S. 102–109

Umschlaggestaltung
Katharina Wolff-Steininger und Rosendahl Berlin

Layoutkonzept
Rosendahl Berlin

Layout und technische Umsetzung
Checkplot Anker & Röhr

Bildquellen
S. 94: tunesische Münze: © Iwona Adamus/iStockphoto.com, russische Münze: © Igor Vesninov/iStockphoto.com, ägyptische Münze: © Arsgera/iStockphoto.com, türkische Münze: © Hadi Serhat AKAVCI/iStockphoto.com, sonstige Münzen Cornelsen Verlagsarchiv; S. 104 Schmetterlinge: Cornelsen Verlagsarchiv

www.cornelsen.de

1. Auflage, 4. Druck 2015

Druck: Firmengruppe APPL, aprinta Druck, Wemding

ISBN 978-3-06-82040-5
ist Bestandteil vom Paket ISBN 978-3-06-82070-2

PEFC zertifiziert
Dieses Produkt stammt aus nachhaltig bewirtschafteten Wäldern und kontrollierten Quellen
www.pefc.de
PEFC
PEFC/04-32-0928